교실 밖에서 배우는

동식물
지혜 이야기

윤실

전파과학사

교실 밖에서 배우는
동식물 지혜 이야기

차례

머리말

텔레비전에 동식물의 신비에 대한 프로그램이 자주 방영되면서 자연에 대한 우리의 관심이 아주 높아졌습니다. 인류는 역사 이래 끊임없이 자연으로부터 많은 것을 배워왔고, 또 그것을 모방하여 도구를 만들거나, 건축물을 세우거나, 의약을 비롯한 화학물질을 제조해 왔습니다. 그러나 그동안 우리가 생물로부터 알아낸 지식은 아주 적습니다.

우주는 약 150억 년 전에 생겨나고, 태양과 지구는 45억 년 전쯤에 탄생했으며, 지구상에 처음 생명체가 나타난 것은 약 36억 년 전입니다. 그때부터 지구상의 생명체들은 진화라는 과정을 거쳐 다양하게 변화하면서 놀라운 지혜를 발전시켜 왔습니다.

컴퓨터과학이 발전하자 이 세상에 연구할 대상은 전자라든가 컴퓨터, 정보통신 같은 것뿐이라고 느껴질 때가 있습니다. 그러나 오늘날의 과학 기술 분야는 너무 다양하고, 각 분야는 서로 도우며 함께 발전하고 있습니다. 과학기술이란 어느 한 분야만 앞서가지 못합니다. 각 분야가 서로 연관을 가지고 협력해야만 더 빨리 발전할 수 있기 때문입니다.

오늘날에는 유전자공학이라든가 줄기세포 연구와 같은 생명과학도 다른 여러 과학기술과 더불어 빠르게 발전하고 있습니다. 요즘 들어 생물학 가운데 특별히 관심을 끌면서 연구열이 높아지는 분야가 있습니다. 그것은 기나긴 진화의 시간 동안 세상에 사는 온갖 동식물이 발전시킨 놀라운 생존기술의 신비를 밝혀내어, 생물이 가진 기술을 인류의 생존에 필요한 새

로운 지혜로 발전시켜보자는 연구입니다. 이런 연구 분야를 '생체모방과
학'이라 부릅니다.

이 책은 지구상에 사는 수백만 가지 동식물로부터 인류가 어떤 지혜를
배워왔고, 앞으로 그들로부터 어떤 기술을 배워야 할 것인지에 대해 흥미
로운 내용을 골라 소개합니다. 자연의 동식물로부터 지혜를 배우려는 연
구는 인류의 미래를 위해 끝없이 도전해야 하는 과학입니다.

이 책을 통해 독자들은 박테리아, 풀 한 포기, 벌레 한 마리 등 우리가 평
소에 무관심했던 것들이 얼마나 중요한 존재였는지 알게 될 것입니다. 또
한 자연으로부터 배워야 할 지혜와 신기술을 함께 찾고 연구하려는 마음
을 갖게 될 것이며, 진화라는 것이 얼마나 훌륭한 대자연의 실험실인지
이해하게 될 것입니다.

윤실

1장
대자연의 위대한 지혜

1. 첨단과학이 도전하는 생체모방과학

인간은 아주 오랜 옛날부터 생물로부터 지혜롭게 살아가는 방법을 배워왔습니다. 인류는 앞으로 더 많은 것을 자연의 동식물에게 배워야 합니다.

새처럼 하늘을 날기 위해 날개 모양을 만들어 달고 날아보려고 했던 것도 벌써 수백 년 전의 일입니다. 물에서 자유롭게 헤엄치는 물새들의 물갈퀴 발을 본 우리는 그 모양을 본떠 '오리발'을 만들어 수영할 때 잘 이용하고 있습니다. 또 카메라는 사람의 눈 구조와 닮았습니다. 가방이나 점퍼를 여닫는 지퍼는 손깍지를 꼈을 때 잘 빠지지 않는 손의 구조를 모방하여 만든 것입니다.

파리가 뜨고 내리는 데는 비행기와 달리 활주로가 필요 없습니다. 비둘기는 수백 킬로미터 떨어진 자기 둥지로 정확히 돌아갑니다. 장님인 박쥐는 소리만 듣고 먹이를 잡고 자기가 사는 동굴과 새끼를 찾아갑니다. 박쥐의 음파탐지 능력은 인간이 만든 어떤 레이더나 음파탐지기보다 비교할 수 없을 정도로 성능이 뛰어납니다.

우리의 손보다 더 정교하게 무언가를 만들고 움직이는 기계가 있을까요? 그런 손을 가진 로봇을 만들 수 있을까요? 어떻게 하면 그것이 가능할까요? 인간의 두뇌처럼 빠르게 생각하고, 판단하고, 일하는 작은 컴퓨터를 어떻게 하면 만들 수 있을까요?

■ □ 생체모방과학의 대히트 상품, 벨크로

자연의 모습에서 배운 아이디어로 상품을 만들어 상업적으로 크게 성공한 발명품 가운데 벨크로(접착포)만큼 유명한 것은 많지 않습니다. 야생식물인 도꼬마리나 가시뽕나무, 도깨비바늘, 우엉 등의 씨는 슬쩍 스치기만 해도 옷에 가득 붙으며, 일단 매달린 것은 좀처럼 떨어지지 않습니다.

1940년대에 스위스의 게오르그 드 메스트랄은 도꼬마리 열매의 갈고리가 왜 옷이나 동물의 털에 잘 붙는지 알아보기 위해 현미경으로 그 구조를 관찰했습니다. 그 결과 갈고리의 끝 구조가 아주 교묘하게 구부러져 있는 것을 알았습니다.

그는 이때 힌트를 얻어 1950년대에 나일론을 재료로 하여 지금의 벨크로를 발명했습니다. 벨크로는 시장에 나오자마자 세계적인 명성을 얻었으며, 만능 접착포로 아기 기저귀를 간단히 붙이는 것에서부터 신발 끈 대용에 이르기까지 온갖 곳에 쓰이기 시작했습니다.

벨크로는 서로 떨어질 때 찍! 하는 특유의 소리가 나기 때문에, 우리나라에서는 찍찍이라는 이름으로 불리기도 했습니다. 접착포가 강력한 접착력을 내는 것은 한쪽은 둥근 고리 형태로, 다른 한쪽은 끝이 휜 갈고리로 만들었기 때문입니다(그림 1-1).

사방 5㎝ 크기의 벨크로에는 고리와 갈고리가 각각 3,000개쯤 있습니다. 이를 서로 붙이면 모든 고리가 다 붙지 않지만, 3분의 1만 붙여도 체중 80㎏인 어른을 벽에 붙일 수 있을 정도의 접착력을 갖습니다.

벨크로의 접착력은 수직으로 떼어낼 때보다 옆으로 미끄러지게 할 때 더 큰 힘을 가집니다. 사방 2.5㎝의 접착포를 서로 마주한 상태에서 수직으로 떼려면 9㎏의 힘이 필요하지만, 서로 미끄러지게 뜯어내려 하면 20㎏의 힘을 주어야 합니다. 오늘날 이 벨크로는 미국 뉴햄프셔주의 맨체스터에 있는 벨크로사에서 독점 생산하여 세계에 팔고 있습니다.

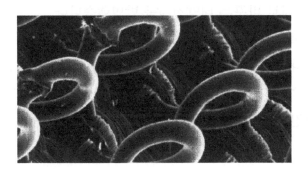

〈그림 1-1〉 접착포의 한쪽은 고리, 다른 한쪽은 갈고리입니다. 사진은 접착포의 갈고리를 현미경으로 본 모습입니다.

■ □ 공해와 소음이 없는 식물 잎의 광합성 공장

세상에는 온갖 제품을 만드는 수많은 공장이 있습니다. 그 공장들에서는 복잡한 기계가 요란한 소리를 내고, 굴뚝에서는 뿌연 연기를 뿜어내며, 배수구에서는 공해물질이 가득한 물을 쏟아내고 있습니다. 이런 공장에 서는 석탄이나 석유와 같은 연료도 대량 소모합니다.

정원에 자라는 풀 한 포기를 바라보면서 잎 속에서 어떤 일이 일어나고 있는지 생각해봅시다. 잎에서는 태양 빛을 받아 물과 탄산가스로 온갖 영양분을 만들고, 가을이 오면 양분이 가득 모인 열매와 과일을 매달고 있습니다.

그동안 풀잎에서는 연료를 태우지도 않았고, 아무 소리도 나지 않았으며, 연기나 오염된 물도 배출되지 않습니다. 오히려 우리의 호흡에 필요한 산소를 내놓았지요. 식물의 잎에 갖추어진 생물공장에서 일어나는 이런 현상을 '탄소동화작용' 또는 '광합성'이라고 합니다. 만일 과학자들이 탄소동화작용의 비밀을 전부 밝혀낸다면, 그때는 쌀, 콩, 감자가 쏟아져 나오는 공장을 건설할 수 있지 않을까요?

이러한 꿈을 가지고 그동안 많은 과학자가 탄소동화작용의 신비를 연구해왔습니다. 지금까지 광합성에 대한 연구로 노벨상을 수상한 과학자도 여럿입니다. 그러나 광합성의 신비를 완전히 밝혀내기까지는 수백 수천 명의 과학자가 더 필요합니다.

엽록소는 태양에너지를 화학에너지로 이용합니다. 이와 비슷하게 과학자들은 태양에너지를 전기에너지로 바꾸는 태양전지를 발명했습니다.

태양전지는 화석연료가 부족한 오늘날 매우 중요한 연구 과제입니다. 우리는 식물로부터 효과적인 태양전지 제조법을 배워야 할지도 모릅니다. 생물학자들은 "생물들은 수십억 년에 이르는 긴 진화 기간 동안에 한 단계 한 단계 이러한 지혜를 발전시킨 것이다."라고 말합니다.

2. 동식물이 개발한 자기방어기술

인류는 동식물이 자신을 보호하기 위해 개발한 기술을 모방해서 여러 가지 방어기술을 발전시켜 왔습니다.

■ □ 날카로운 창으로 무장한 동식물

선인장은 온몸이 가시투성이입니다. 선인장 가시는 단단하고 그 끝이 날카로워 어떤 동물도 접근하기 어렵습니다. 선인장의 가시는 선인장 종류에 따라 각기 다릅니다. 인간이 만든 철조망은 기둥선인장의 가시 모습을 모방하여 만든 것이랍니다.

줄기와 가지에 가시를 가진 대표적인 식물로는 장미, 유자나무, 탱자나무 등이 있으며, 잎에 바늘을 가진 식물에는 호랑가시나무가 있습니다. 이러한 식물의 가시는 다른 동물이 줄기나 잎을 먹지 못하도록 방어하는 것입니다. 식물의 가시는 잘 부러지지 않도록 가지에 붙은 아래쪽은 넓고, 끝으로 가면서 날카로운 모양을 하고 있지요. 신비로운 것은 이들 식물이 어떤 방법으로 이처럼 강하고 날카로운 바늘을 만들 수 있을까 하는 것입니다.

바다의 성게도 온몸이 긴 가시로 덮여 있습니다. 가시를 가진 유명한 동물로는 고슴도치, 호저(가시도치), 바늘두더지 등이 있지요. 고슴도치의 모피에는 약 16,000개의 바늘이 뒤덮고 있습니다. 이러한 동물의 가시는 다른 동물의 몸에 박히면 중간에서 쉽게 부러지는데, 떨어져 나간 부분은 다시 자

〈그림 1-2〉 선인장의 가시는 잎이 변한 것입니다. 선인장의 가시 모양을 본떠 철조망을 만들었습니다.

랍니다.

　호랑이, 표범 같은 고양이과의 동물과 매와 같은 맹금류는 단단하고 날카로운 발톱을 가지고 있습니다. 이 발톱은 사냥물을 확실하게 움켜쥐기도 하고, 나뭇가지를 단단히 붙잡기도 합니다. 그들의 발톱 모양을 흉내내 만든 것으로 물건을 걸어 올리는 여러 가지 갈고리가 있습니다, 낚싯바늘도 그런 갈고리 모양의 하나입니다.

　벌과 같은 곤충은 날카로운 침만 가진 것이 아니라 그 침 속에 독액까지 가지고 있습니다. 벌침에 혼난 동물은 다시는 벌에게 접근하지 않습니다.

■ □ 갑옷으로 무장한 동물

　갑옷 입은 동물이라면 여러분은 먼저 거북을 떠올릴 것입니다. 거북은 단단한 갑옷 속에 몸을 감추고 있습니다. 갑옷을 입은 동물 중에는 남아메리카에 사는 아르마딜로가 있습니다.

　이런 동물의 갑옷은 모두 피부가 변하여 단단해진 것입니다. 거북의 갑옷은 전체가 하나로 되어 있고, 아르마딜로의 갑옷은 주름 모양의 갑옷이 여러 겹으로 되어 있습니다. 거북처럼 갑옷이 한 덩어리이면 몸을 움직이기 불편하고, 주름처럼 여러 겹으로 되어 있으면 몸을 굽히기 편리합니다.

　물고기의 피부는 비늘로 덮여 있는 것이 특징입니다. 비늘이 하는 역할 또한 갑옷처럼 몸을 보호하는 것이지요. 과거에 로마의 병정들이나 우리나라 장수들의 갑옷을 보면, 천산갑이나 아르마딜로의 갑옷과 물고기의 비늘 갑옷을 흉내 내고 있습니다. 전투복이나 장수 복장의 팔목, 팔꿈치, 어깨, 무릎, 허리와 같은 관절 부분은 굽힐 수 있도록 주름을 여러 겹으로 만든 것입니다. 주름이 있거나, 물고기 비늘처럼 조각조각 철편을 붙인 갑옷은 적의 화살이나 창칼의 공격을 막아주기도 하지만, 몸을 자유롭게 움직일 수 있게 합니다.

〈그림 1-3〉 남아메리카에 주로 살고 있는 아르마딜로는 머리에서 꼬리까지 갑옷으로 온몸을 뒤덮고 있는 것이 특징입니다. 겁이 많은 아르마딜로는 밤에 활동하며 흰개미나 곤충, 작은 동물, 썩은 고기 등을 먹습니다.

갑옷은 곤충에서도 볼 수 있습니다. 쥐며느리라는 곤충은 건드리면 구슬처럼 몸을 동그랗게 말아 죽은 듯 가만히 있습니다. 쥐며느리가 순식간에 몸을 구슬처럼 만들 수 있는 것은 등딱지가 주름 갑옷으로 되어 있기 때문이지요.

단단한 갑옷으로 무장한 동물로 게를 빼놓을 수 없습니다. 게의 등딱지에는 날카로운 창까지 삐죽삐죽 나와 있습니다. 또한 게가 가진 커다란 집게발은 힘도 강력하거니와 어쩌다 떨어져 나가면 재생하는 놀라운 능력까지 갖추고 있습니다.

■ □ 화학무기를 사용하는 동식물

화학무기를 사용하는 동물이라고 하면 여러분은 먼저 스컹크를 떠올릴지도 모르겠습니다. 아메리카 대륙에 사는 스컹크는 항문 한쪽에 악취가 나는 노란색 액체를 늘 담고 있다가 적이 접근하면 돌아서서 냄새를 뿜어버리고 도망갑니다. 스컹크의 냄새는 어찌나 지독한지 며칠이 지나도 남아 있을 정도입니다.

전쟁 중에는 적에게 자신의 모습을 보이지 않도록 해야 할 필요가 있을 때 연막탄을 터뜨립니다. 짙은 연기가 앞을 가려주면 적에게 모습을 보이지 않고 접근하거나 피할 수 있기 때문입니다.

동물 중에도 이런 연막전술을 쓰는 것이 있습니다. 가장 유명한 동물이 오징어, 낙지, 문어 등(두족류라고 부름)입니다. 이들은 먹물을 만들어 주머니에

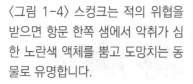

〈그림 1-4〉 스컹크는 적의 위협을 받으면 항문 한쪽 샘에서 악취가 심한 노란색 액체를 뿜고 도망치는 동물로 유명합니다.

담아 두고 있다가, 적이 가까이와서 위험하다고 느끼면 즉시 연막탄을 뿜어 내고 숨습니다. 어떤 종류의 먹물에는 마취제까지 포함되어 있어, 먹물을 뒤집어쓴 적은 정신을 잃거나 냄새 감각이 한동안 마비되기도 합니다.

오징어 종류는 이런 화학무기만 자랑하지 않습니다. 이들은 이동할 때 마치 로켓처럼 물을 뒤로 뿜으며 앞으로 나아가는 '로켓 과학자'이지요. 또 이들은 먹이를 붙잡는 빨판(흡반)을 여러 개의 긴 다리에 붙이고 다닙니다. 그들은 적에게 발각되지 않도록 환경에 따라 자신의 몸 색을 쉽게 바꾸는 변장의 명수이기도 합니다.

어떤 종류는 마치 개똥벌레처럼 몸에서 빛을 내는 것도 있습니다. 이런 경우 스스로 빛을 내는 것이 아니고, 발광박테리아가 오징어 피부에 공생하고 있습니다. 이들의 공생 관계도 연구해보아야 할 대상입니다.

식물 중에 '제충국'은 벌레가 접근하지 못하게 하는 피레트럼이라는 유독 물질을 가지고 있습니다. 이 독소는 고등동물에게는 아무런 피해를 주지 않습니다. 제충국은 벌레를 제거하는 국화라는 의미의 이름입니다. 옛사람들은 이 식물을 갈아서 살충제로 쓰기도 했습니다.

3. 동물에게 배운 지혜와 기술

■ □ 눈 위를 편하게 달리는 토끼의 발바닥

북아메리카의 눈이 많은 북극지방에 사는 토끼 중에는 눈신토끼라고 부르는 종류가 있습니다. 이 토끼는 발바닥이 유난히 넓적하여 눈 위를 뛰어다녀도 발이 깊이 빠지지 않습니다. 에스키모들은 눈 위를 다닐 때, 마치 테니스 라켓처럼 발바닥을 넓게 만든 눈신을 신는데, 이는 바로 토끼의 발 모양을 모방한 것입니다. 이런 눈신은 에스키모뿐만 아니라 눈이 많이 내리는 강원도 산간지방에 살던 우리 선조들도 비슷하게 만들어 사용했습니다.

축구화나 육상선수의 신발 바닥에는 날카로운 징이 박혀 있습니다. 이것을 스파이크라고 부릅니다. 스파이크는 고양이나 호랑이 발톱을 모방하여 땅 위를 달릴 때 잘 미끄러지지 않도록 하는 역할을 합니다. 겨울에 눈 덮인 산이나 빙벽을 오를 때 미끄럼 방지용으로 신발 바닥에 붙이는 아이젠도 이와 비슷합니다.

■ □ 간단히 붙이고 뗄 수 있는 흡반

파도가 심하게 치는 바닷가 바위에는 흰색의 작은 피라미드처럼 삼각형으로 생긴 조개를 닮은 연체동물이 붙어삽니다. 그 모양 때문에 삿갓조개라고 불리는 이들은 바위에 어찌나 착 달라붙었는지, 아무리 파도가 쳐도 떨어지지 않습니다. 또 바닷물이 밀려 나가고 몸이 햇볕에 드러나더라도 내부의 수분이 좀처럼 마르지 않습니다.

삿갓조개는 몸의 근육을 바위에 붙인 상태에서 내부의 공기를 뽑아내는 방법으로 단단히 부착할 수 있습니다. 그러다가 밀물시간이 되어 바닷물이 그들의 몸을 덮으면, 그때서야 껍데기를 열고 물속 플랑크톤을 잡아먹습니다.

문어나 오징어의 다리에 줄줄이 붙은 흡반(吸盤)은 먹이나 다른 물체에 닿

<그림 1-5> 삿갓조개는 흡반으로 바위에 단단히 붙어 파도에도 떨어지지 않습니다. 오징어나 문어의 흡반을 모방한 것이 편리하게 이용되고 있습니다.

으면 쫙 들러붙습니다. 삿갓조개나 오징어의 이런 흡반은 내부의 공기를 빼내었기 때문에 외부보다 기압이 낮아져 떨어지지 않습니다. 사람들은 이런 흡반을 모방하여 고무나 플라스틱으로 흡반을 만들어 타일 벽이나 자동차 유리에 붙여두고 편리하게 사용합니다.

■ □ 우리 몸은 복잡한 생산 공장

동식물의 몸속에서는 복잡한 화학반응이 효과적으로 일어나 온갖 물질이 만들어지고 있습니다. 우리의 몸속에서도 잠시도 쉬지 않고 복잡한 화학반응이 일어나고 있습니다. 예를 들면 음식물을 소화하고, 그것으로 살과 피를 만들며, 몸이 활동하도록 에너지를 생산하고, 소화효소나 호르몬, 비타민 등을 만듭니다. 인체처럼 복잡한 화학 공장을 건설한다는 것은 현재의 기술로는 도저히 불가능한 일입니다.

우리 몸의 중심에는 일생 한순간도 쉬지 않고 혈액을 펌프질하는 심장이라는 운동기관이 있습니다. 심장은 이 세상 어떤 동력기관보다 훌륭한 엔진입니다. 이 엔진은 피로해 하지도 않고, 고장도 드뭅니다. 오늘날 어떤 기술로도 심장처럼 쉬지 않고 조용히 작동하는 강력한 동력장치는 만들지 못한답니다.

인체의 소화기관에서는 각종 소화효소들이 만들어지고, 분비샘에서는 온갖 호르몬이, 뼛속 골수에서는 적혈구가 생산되고 있습니다. 인체처럼 복잡한 화학반응이 일어나는 생산 공장은 없는 듯합니다. 그러므로 인체야말로 가장 중요한 모방과학의 연구 대상입니다.

4. 동물이 만드는 놀라운 물질

세계에는 생물들이 만드는 특이한 물질의 제조 과정에 대해 연구하는 과학자가 많습니다. 동식물은 그들이 살아가는데 편리하도록 우리가 아직 알지 못하는 온갖 기술로 훌륭한 물질을 만들고 있습니다.

■ □ 다시 자라는 코뿔소의 억센 뿔

아프리카와 인도에 사는 코뿔소는 콧등에 커다란 뿔을 세우고 있는 거대한 동물입니다. 코뿔소는 때때로 억센 뿔을 무기로 서로 싸우는 경우가 있는데, 그때 그들의 뿔은 상처를 입어 깨지기도 합니다. 그러나 뿔의 상처 입은 부분은 곧 재생되어 본래의 모습으로 회복됩니다. 이것은 마치 자동차가 접촉 사고로 찌그러지거나 찢겨 나갔는데도, 얼마 후 저절로 본래 모습으로 수리되는 것과 다름없습니다.

이 코뿔소는 신비한 방법으로 뿔을 만들고 있습니다. 그들의 뿔은 다른 동물의 뿔과는 달리 털의 성분이기도 한 케라틴으로 만들어집니다. 현재 코뿔소는 뿔 때문에 밀렵이 되고 있어 멸종 위기에 있습니다.

그 밖에도 무거운 체중을 떠받치면서 땅 위를 달려도 부서지지 않는 소나 말, 염소, 낙타 등의 발굽을 이루고 있는 물질도 신비의 대상입니다. 동물의 발굽은 사람의 손톱과 발톱에 해당하는데, 뿔의 성분과 비슷한 물질로 이루

〈그림 1-6〉 코뿔소의 뿔은 깨어져 나가더라도 재생됩니다. 말의 발굽, 코끼리의 상아, 쥐의 이빨, 곤충의 외골격 등은 모두 모방해야 할 신소재입니다.

어져 있습니다.

　어떤 과학자는 바퀴벌레의 껍질 성분에 관해서 연구합니다. 그들의 껍데기는 석유나 휘발유가 닿아도 변질하지 않는 '레실린'이라는 단백질 성분으로 되어 있으며, 탄력성이 아주 좋습니다. 그래서 레실린으로 작업용 장갑을 만든다면, 기름을 늘 만져야 하는 기계 정비사들이나, 그런 작업에 종사하는 사람들의 손이 거칠어지지 않도록 보호해 줄 것으로 생각됩니다.

　사람의 미움을 받는 쥐의 이빨은 그 단단함 때문에 중요한 연구 대상이 되고 있습니다. 쥐는 이빨이 어찌나 단단한지 전선을 비롯하여 호두껍데기, 코코넛 껍질 등 무엇을 깨물어도 다치지 않습니다. 칼날처럼 날카롭고 단단한 그들의 이빨 성분은 무엇이며 어떤 과정으로 만들어지는지 궁금하지 않을 수 없습니다.

　이빨은 도자기와 비슷한 성분이지만, 도자기와 비교가 안 될 정도로 단단합니다. 최근에는 '산화타이타늄'으로 이빨처럼 단단한 신소재를 개발하려한답니다.

■ □ 간단한 재료로 복잡한 물질을 만든다

　생물이 제조하는 물질들은 두 가지 점에서 과학자들의 마음을 사로잡고 있습니다. 첫째는 크고 복잡한 공장 설비 없이 아주 간단하게 훌륭한 물질을 만든다는 것이고, 둘째는 공해 없이 물질을 생산하고, 생물이 만든 물질은 공해물질로서 남지 않는다는 것입니다.

　예를 들면 '케플라'라는 질긴 합성섬유를 공장에서 제조할 때는 많은 양의 황산을 넣어야 하고, 높은 열과 압력을 주면서 까다로운 공정을 거칩니다. 케플라를 만드는 데 이용되는 황산은 조금만 잘못 취급해도 위험하며, 작업이 끝난 뒤 그 폐기물을 처리하는 데도 많은 어려움이 따르지요.

　또한 생물은 아주 단순한 재료로 온갖 복잡한 물질을 만듭니다. 그들이 쓰

1장 대자연의 위대한 지혜

〈그림 1-7〉 전복, 조개, 소라 등은 바닷물 속의 칼슘 성분으로 시멘트보다 단단한 껍데기를 만드는 기술을 가졌습니다. 특히 전복은 표면에서 아름다운 진줏빛 광채까지 나기 때문에 자개 장식의 재료가 됩니다.

는 원료는 당분, 단백질, 무기염류 그리고 물이 추가될 뿐입니다. 그들은 이러한 재료로 목재, 뼈, 이빨, 곤충의 외부 껍질(큐티클), 조개나 전복 껍데기 등 무엇이든 만들고 있습니다.

해저 바위에 붙어사는 전복도 신비한 동물입니다. 전복은 바닷물속의 석회 성분을 이용하여 사람이 제조한 어떤 세라믹(도자기 종류)보다 2배 이상 강한 껍데기를 만들어 자기의 몸을 둘러싸고 있습니다.

과학자들은 조개껍데기를 전자현미경으로 관찰하고 그 축조기술에 감탄하지 않을 수 없었습니다. 조개껍데기는 탄산칼슘 분자로 이루어진 아주 작은 벽돌이 무수히 쌓인 것이었으며, 벽돌과 벽돌 사이에는 단백질 성분이 들어가 마치 시멘트처럼 서로를 단단히 결합하고 있었습니다. 벽돌과 벽돌을 접착하고 있는 시멘트의 두께는 10만 분의 1㎜에 불과합니다.

최근 과학자들은 전복의 기술을 모방하여, 카바이드라는 물질을 벽돌로 하고, 여기에 알루미늄을 시멘트로 하여 조개껍데기처럼 결합하는 방법으로 지금까지 만든 어떤 도자기보다 단단한 새로운 물질을 제조하는 데 성공했습니다. 미국 육군은 이 물질을 이용해 가벼우면서 단단한 탱크를 제조하려 한답니다. 생물로부터 배운 귀중한 지식을 전쟁 무기 제조에 이용한다는 것은 유감이지만, 이것도 생체모방과학의 발달이 가져온 수확의 하나입니다.

■ □ 강철보다 질긴 거미줄

이른 아침 야외에서 풀잎 사이에 얼기설기 쳐진 가냘픈 거미줄에 이슬이 조롱조롱 맺혀 있는 것을 발견하면, 연약한 거미줄에 어쩌면 그렇게 많은 물방울이 매달려도 끊어지지 않을까 하는 생각이 듭니다.

폭 넓은 강 양쪽에 아름답게 드리워진 현수교는 강력한 강철 케이블에 매달려 있습니다. 금속 가운데 강한 것이 강철입니다. 물론 강철보다 더 강력한 첨단 소재가 나오고 있지만, 생산비가 너무 들어 경제적이지 못하지요.

생물체는 강철을 능가하는 재료를 생산하고 있어요. 벌레가 들러붙도록 쳐놓은 거미줄은 가벼우면서도 그 장력(張力, 잡아당겼을 때 끊어지지 않는 힘)이 강철보다 5배나 강하답니다. 거미는 꽁무니에 있는 여러 개의 샘으로부터 거미줄을 쏟아 내는데, 각 샘에서 생산되는 줄의 화학 성분은 저마다 다릅니다. 예를 들어 바깥 부분 샘에서 나오는 거미줄은 강하면서 탄력이 적고, 반대로 안쪽 샘의 거미줄은 끈끈하면서 탄성이 강합니다.

인공적으로 거미줄을 합성해낼 수 있게 된다면, 가장 먼저 끊어지지 않는 낙하산 줄을 만드는 용도로 사용할 지도 모릅니다. 거미줄 낙하산을 사용하면 안전사고를 많이 줄일 수 있게 되니까요.

또 한 가지는 현수교를 세울 때 다리를 떠받치는 강철 케이블 대신 거미줄 케이블을 사용하는 것입니다. 거미줄 케이블은 가벼우면서 더 질기기 때문에 건설 작업을 훨씬 쉽게 하는 동시에 다리의 안전성도 높여줄 것입니다.

워싱턴 대학의 크리스토퍼 바이니 교수는 거미들이 물에 잘 녹는 단백질을 재료로 해서, 어떻게 물에 녹지 않는 질긴 거미줄을 만들 수 있을까 하는 의문을 풀어보려 연구하고 있습니다. 거미줄은 나일론보다 잘 늘어나고 강력합니다. 그뿐만 아니라 총알을 막아 주는 방탄복 제조에 쓰는 '케플라'라는 인조섬유보다 더 가볍고 튼튼하지요.

과학자들은 아주 오래전부터 이런 거미줄의 신비에 관심을 가지고 있었습니다. 최근에 거미가 숨기고 있는 신비가 조금 밝혀졌습니다. 즉 거미줄의 원료가 되는 액체 성분이 시계 문자판이나 노트북 컴퓨터의 모니터를 빛나게 하는 '액정(液晶)'이라는 물질과 비슷한 결정 구조로 되어 있다는 것을 알아냈습니다. 하지만 인공 거미줄을 합성할 수 있기까지는 얼마나 더 시간이 걸릴 것인지 추측할 수 없습니다(거미에 대한 더 자세한 내용은 '5-5. 가볍고 튼튼한 그물을 만드는 거미' 참고).

■ □ 누에가 만드는 명주실의 신비

인류가 수천 년 전부터 이용해 온 섬유인 명주실도 거미줄과 비슷합니다. 누에나방의 애벌레는 뽕잎을 먹고 자라다가 번데기가 될 때가 되면, 가느다란 실을 내어 땅콩껍데기를 닮은 고치를 짓고, 그 속에서 번데기가 됩니다.

고치의 실을 풀어내어 여러 가닥으로 꼬아 만든 것이 질긴 명주실입니다. 명주실의 주성분은 단백질입니다. 과학자들은 누에가 명주실을 만드는 방법을 아직 완전히 알아내지 못하고 있습니다. 한 마리의 누에는 놀랍게도 3,000~4,000m의 실을 뽑아냅니다.

사람들은 지금도 명주실로 짠 비단을 가장 고급스러운 옷감으로 생각합니다. 명주옷은 가볍고 따뜻하며, 몸에 닿는 촉감이 어떤 천보다 부드러우니까요. 또한, 명주천은 겨울에 입어도 정전기가 발생하지 않아요.

실을 생산하는 곤충 중에는 아프리카에 사는 명주개미가 있습니다. 이들은 나뭇잎들을 붙여서 비 맞지 않고 숨어 살 수 있는 집을 만드는데, 이때도 유충(애벌레)에서 나오는 명주실로 잎을 서로 붙이는 건축 작업을 합니다.

5. 수생동물이 만드는 초강력 접착제

물건과 물건을 서로 단단히 붙이는 물질을 풀 또는 접착제라고 합니다. 사회적으로 가끔 말썽이 되는 본드에서부터, 책을 엮을 때 쓰는 접착제, 뗐다 붙였다 할 수 있는 포스트잇, 그리고 순간접착제 등이 모두 이름난 합성 접착제들입니다. 가장 강력한 접착제는 수생동물이 만드는 물속에서도 붙는 접착제입니다.

과거에는 쌀가루나 밀가루를 끓여 만든 전분풀과 아교풀(소나 물고기의 뼈, 가죽 등을 고와서 만든 풀)이 대표적인 자연 접착제였습니다. 오늘날에는 수백 종의 다양한 화학 접착제가 개발되어 편리하게 쓰이고 있지요.

이 세상에서 가장 강력한 접착제는 보잘것없는 바다의 동물인 따개비가 바위에 붙기 위해 만드는 풀입니다. 거센 파도가 내려치는 바위 표면에는 하얀 따개비가 빈틈없이 다닥다닥 붙어삽니다. 마치 조그마한 흰색의 분화구가 수없이 붙어 있는 모습 같지요.

잘 모르는 사람은 따개비를 조개나 소라 또는 굴의 사촌이라고 생각하지만, 사실은 오히려 새우나 게에 가까운 종류랍니다. 바닷가의 따개비도 종류가 많아 세계에는 1,000종 가까이 살고 있답니다. 이들은 종류에 따라 크기와 모양과 색채, 살아가는 장소와 생활습성 등이 다릅니다.

어른이 된 따개비는 모두 석회질 성분으로 된 집을 지어 그 속에 삽니다. 그러나 처음에는 작은 알로 태어나고, 그 알에서 깨어났을 때는 조그마한 벌레 모습이지요. 이때의 어린 애벌레는 자기보다 더 작은 플랑크톤(물속에 사는 미세한 식물이나 동물)을 먹으며 자랍니다.

얼마 지나면, 애벌레의 몸 둘레에 타원형의 껍질이 생겨나고, 그때부터 애벌레는 어딘가 붙어서 살아갈 장소를 찾습니다. 바위도 좋고, 큰 군함 바닥이나 고래의 피부 어디라도 좋습니다. 물 위에 떠다니는 빈병이나 나무 조

〈그림 1-8〉 바닷가의 바위에 붙어사는 따개비(왼쪽)나 홍합(오른쪽)은 모두 물속에서도 떨어지지 않는 놀라운 접착제를 가지고 있습니다. 그들의 접착제 비밀을 알면 의사들은 바늘과 실을 쓰지 않고 환자의 수술 부위를 꿰맬 수 있을 것입니다.

각, 거북의 등딱지에도 붙습니다.

 어딘가에 자리를 잡으면 이번에는 몸에서 만든 풀로 단단히 붙어버립니다. 그때부터 따개비는 자기의 몸 둘레에 단단한 석회석 집을 끊임없이 증축합니다. 따개비가 해수 속의 칼슘을 원료로 하여 멋지고 아름다운 껍데기를 정교한 모양으로 건축하는 기술은 그 자체로 연구해야 할 신비이기도 합니다. 이러한 건축기술과 석회 합성기술은 소라, 조개, 전복, 산호 등도 가지고 있지요.

■ □ 물속에서 붙는 수중 접착제

 따개비는 파도가 아무리 강하게 두들겨도 떨어지는 일이 없습니다. 이것은 따개비가 살아가는데 필요한 능력이기도 합니다. 만일 쉽게 바위에서 떨어져 나온다면, 당장 파도에 밀려 바닷가 돌밭이나 모래 언덕 위로 내던져질 것이기 때문입니다.

 따개비가 선박의 밑바닥에 가득 붙으면 귀찮은 존재가 됩니다. 왜냐하면, 물속을 항해할 때 그들 때문에 마찰이 심해져 선박이 빨리 달릴 수 없기 때문이지요. 그래서 선박은 가끔 배를 육지에 올려두고 배 바닥의 따개비를 긁어냅니다.

따개비 청소가 귀찮아, 따개비가 붙지 않도록 하는 독성이 있는 페인트를 칠해 두기도 하지만, 따개비에게는 별로 효과가 없고, 오히려 바닷물을 오염시키기만 합니다.

배 바닥에 붙은 따개비를 긁어내는 어부들은 '귀찮은 생물'이라고 불평을 하지만, 따개비에게 도리어 감사를 해야 한답니다. 왜냐하면 따개비는 물고기와 다른 바다동물의 먹이가 되기 때문이지요. 예를 들면 따개비의 어린 애벌레는 작은 물고기와 기타 바다동물의 중요한 식량이 됩니다. 또한 성게라든가 게, 바닷새 등은 따개비 뚜껑을 깨거나 열어 속살을 파먹습니다. 큰 따개비 종류는 사람도 요리해서 먹는데, 그 맛은 게와 새우 중간에 속합니다.

과학자들은 따개비를 대단히 중요한 생물의 하나로 생각합니다. 왜냐하면 따개비가 바위에 부착할 때 쓰는 접착제의 신비를 풀어야 하기 때문이지요. 따개비의 접착제는 바위, 나무, 쇠 어디든 잘 붙습니다. 젖어 있든 말라 있든 관계없이 들러붙으며, 열대지방 바위이든 북극 바다이든 차고 뜨거운 온도에도 관계없이 잘 붙습니다.

이렇게 부착력이 강한 접착제는 과학자들이 아직 개발하지 못하고 있습니다. 더구나 한번 붙은 따개비의 접착제는 어떤 화학약품을 발라도 약해지지 않습니다. 오늘날 우리들이 쓰는 강력 접착제들은 물 또는 휘발유, 벤젠 등을 적셔 주면 떨어지게 되지만, 따개비의 접착제는 아무리 해도 접착력이 약해지지 않습니다.

따개비가 만드는 최고의 '초강력 접착제'는 그 성분이 무엇인지조차 잘 알려져 있지 않습니다. 그러나 언젠가 그 신비가 밝혀지면, 똑같은 성분의 접착제를 화학적으로 만들 수 있을 것입니다. 그런 접착제가 있다면 쇠와 쇠, 벽돌과 쇠, 벽돌과 바위 등 대상이 무엇이든 관계없이 단단하게 붙일 것이며, 물속이든 불 속이든 어디서나 붙여 놓기만 하면 떨어질까 봐 염려하지 않아도 될 것입니다.

한편 수술을 해야 하는 의사들은 따개비의 접착제가 있다면 수술한 부분을 실로 꿰매지 않고 바로 접착할 수 있을 것입니다. 그런 수술용 접착제는 회복이 빠르고 아문 자리에 상처가 적게 나도록 해줄 것입니다.

■ □ 조개가 만드는 강력한 근육 접착제

따개비와 같은 신비스러운 접착제를 조개도 만들고 있습니다. 조개가 입을 다물면 칼을 사용하지 않고는 열 수 없습니다. 이것은 두 장의 껍데기를 서로 연결하여 여닫는 작용을 하는 '폐각근'이라는 질기고 강력한 조직 때문입니다.

폐각근은 말 그대로 조개의 근육인데, 이 근육은 조개껍데기 안쪽에 붙어 있습니다. 입을 다물고 있는 조개를 열려고 한다면, 칼을 껍데기 사이로 밀어 넣어 근육을 잘라야 합니다.

이 근육은 조개껍데기 안쪽에 접착해 있는데, 폐각근의 접촉 부분은 칼로 긁어내지 않는 한 분리되지 않습니다. 조개가 폐각근과 껍데기를 연결하는 데 쓰는 접착제의 성분에 대해 우리는 알지 못합니다.

생물들이 가진 접착제는 끈끈이주걱과 같은 일부 벌레잡이식물과 바닷속 바위에 붙어사는 미역이나 다시마와 같은 바다식물에서도 발견됩니다. 이러한 생물이 쓰는 초강력 접착제는 장차 수중 개발사업이나 해저 건축술의 발전을 위해서라도 꼭 그 비밀을 알아내야 할 것입니다.

■ □ 냇물 속의 날도래가 만드는 접착제

〈그림 1-9〉 조개를 열 때는 두 조개껍데기 사이로 칼을 넣어 폐각근을 잘라야 합니다. 폐각근은 양쪽 조개껍데기에 붙어 있으며, 그 접착 부분은 칼로 자르지 않는 한 조개껍데기에서 떨어지지 않습니다.

깨끗한 물이 흐르는 냇물 속의 돌을 들추어 보면 풀잎이나 나무껍질, 모래 등으로 대롱 같은 집을 지어 돌에 붙여두고, 그 속에서 사는 벌레를 발견할 수 있습니다. 흐르는 깨끗한 물에서만 사는 이 벌레는 날도래라는 곤충의 애벌레입니다.

송어와 같은 민물고기는 날개를 달고 수면을 날아다니는 날도래 성충을 좋아하기 때문에, 플라이 낚시꾼들은 날도래 모양으로 가짜 미끼를 만들어 즐겨 사용하지요.

날도래의 애벌레는 입 아래에서 명주실 같은 물질을 분비하여 모래와 나무 부스러기를 서로 접착하는 방법으로 홈통 모양의 집을 만듭니다. 그들은 이 집을 흐르는 물속 바위에 붙여두고, 그 안에 살면서 수중의 다른 동물을 잡아먹습니다.

흥미로운 것은 날도래가 모래나 나무 부스러기를 접착하여 대롱을 만들고, 이 대롱을 바위에 부착시킬 때 특수한 접착제를 사용한다는 것입니다. 만일 우리가 물속에서 모래알을 서로 붙이거나 바위에 붙도록 하는 접착제를 생산할 수 있다면, 그것으로 물속에서 벽돌을 쌓아 해저연구소 같은 건축물을 쉽게 만들 수 있겠죠. 물속에서 모래와 돌을 척척 붙일 수 있는 그런 접착제는 아직 개발하지 못하고 있습니다.

■ □ 벌레잡이식물 끈끈이주걱의 접착제

늪지에 사는 끈끈이주걱이라는 식물은 잎 표면에 미세한 털이 덮여 있으며, 털의 끝에는 액체 방울이 달려 있습니다. 곤충들의 눈에는 그 액체가 마치 꿀인 것처럼 보이나 봅니다. 영어로 끈끈이주걱은 선듀(Sundew)라고 부르는데, 이것은 아침 태양에 반짝이는 이슬방울이라는 의미가 있습니다.

끈끈이주걱의 잎에 접근한 곤충은 액체 방울에 붙어버려 탈출하지 못하고 맙니다. 이 식물이 분비하는 액체는 식물이 만드는 접착제이면서, 그 속에

1장 대자연의 위대한 지혜

는 곤충의 몸을 분해하는 소화액도 포함되어 있습니다. 이 식물은 끈끈이에 붙은 곤충을 소화해 영양분을 얻고 있습니다.

　사람들은 파리나 쥐를 잡는 방법으로 강력한 끈끈이(아교풀로 제조)를 만들어 사용하고 있습니다.

6. 민들레씨는 최고의 비행 낙하산

민들레 씨처럼 바람의 힘으로 멀리 잘 날아갈 수 있는 것은 드뭅니다. 민들레 씨가 매달린 자루 끝에는 흰 깃털(관모, 冠帽)이 여러 가닥 붙어 활짝 펼치고 있습니다. 바람이 불면 깃털은 씨앗을 매달고 먼 여행을 떠납니다.

민들레씨의 깃털은 매우 가벼워 조금만 바람이 불어도 몇 킬로미터를 날아갑니다. 사람들은 가벼운 기체를 넣은 기구(氣球)를 타거나, 패러글라이더를 만들어 바람과 상승기류의 힘으로 높은 데서 뛰어내려 날기도 합니다. 그러나 민들레 깃털처럼 쉽게 날아오르지 못하는 것은 그것을 만든 재료가 무겁기도 하지만, 민들레씨의 깃털이 개발한 공기역학적인 신기술을 알지 못하기 때문입니다.

만일 민들레씨 구조를 모방한 비행체를 만든다면, 높은 곳으로 올라가 뛰어내리지 않고도 불어오는 바람을 타고 이륙하여 멋진 공중 여행을 할 수 있을 것입니다. 그러려면 깃털의 성분과 깃털의 항공역학적인 특징에 대해 잘 알아야 할 것입니다.

〈그림 1-10〉 민들레의 씨는 자루 끝에 가벼운 깃털이 달려 있어 바람이 조금만 불어도 멀리 날아갑니다. 이 깃털은 흐리거나 비가 내리면 펴지지 않습니다. 민들레씨의 항공역학적인 특징을 연구하면 새로운 낙하산이나 비행체를 개발할 수 있을 것입니다.

1장 대자연의 위대한 지혜

7. 자연은 가장 아름다운 색채 예술가

어떤 미술가도 자연의 꽃들이 가진 아름다운 색을 표현해낼 수 없습니다. 영롱한 빛을 내는 공작새의 깃털 색, 딱정벌레나 나비의 날개가 가진 아름다운 색, 전복껍데기가 보여주는 빛깔, 무지개송어나 열대 바닷물고기의 비늘에 비치는 화려한 색채는 모두 인간이 만들거나 그려낼 수 없는 신비스러운 색상입니다.

모르포나비 날개의 파란 빛은 너무나 아름답습니다. 그러나 그 날개에는 파란 색소가 전혀 없답니다. 나비의 날개를 덮은 얇고 투명한 비늘이 교묘하게 겹친 상태로 빛을 반사하여 그토록 고운 파란빛을 내는 것입니다.

동식물은 자기의 색채를 필요에 따라 자유롭게 변화시키는 능력도 갖추고 있습니다. 그들의 색은 바라보는 방향에 따라 다양하게 변하기도 합니다. 만일 우리가 동식물이 보여주는 아름답고 화려한 색상을 마음대로 만들어낼 수 있다면, 지금보다 훨씬 훌륭한 보석, 장식품, 의복의 천, 건축물과 예술품을 만들 수 있을 것입니다.

〈그림 1-11〉 아름다움을 대표하는 것이 꽃입니다. 나비, 곤충, 새, 물고기 등도 아름다운 색을 자랑합니다. 인간이 그려낸 어떤 색채보다 아름다운 색을 자연의 동식물이 내는 이유를 생체모방과학자들은 연구하고 있습니다.

생물체가 나타내는 색채는 거기에 포함된 색소물질로부터 나오기도 하지만, 영롱한 빛깔은 깃털이나 비늘 표면의 특별한 분자 구조 때문에 나타납니다. 비눗방울 위에 영롱한 무지갯빛이 아롱거리는 것처럼, 표면의 분자 구조에 따라 빛은 굴절되거나 산란하여 서로 간섭한 결과 신비스러운 색으로 나타납니다.

오늘날 '나노과학'이라 부르는 연구 분야의 과학자들은 원자현미경과 같은 장비를 이용하여 물고기의 비늘과 나비의 날개를 덮은 비늘의 분자 구조를 연구하고 있습니다. 나노과학이란 물질의 구조를 분자나 원자 크기에서 연구하는 첨단과학 분야입니다. 동식물이 아름다운 빛을 낼 수 있는 이유를 알아낸다면, 우리는 이 세상을 훨씬 더 아름답게 만들고 꾸밀 수 있게 될 것입니다.

■ □ 식물은 최고의 향수 제조 기술자

꽃이라고 하면 아름다운 모습과 함께 매혹적인 향기를 떠올립니다. 세계의 화장품 가게에서는 수많은 종류의 향수를 판매하고 있습니다. 오늘날의 향수는 향기를 가진 식물에 열을 주거나 알코올에 녹이는 방법으로 향기를 채취하여 만들고 있습니다.

그러나 그 어떤 향수도 풍란이나 한란, 백합, 라일락, 천리향, 재스민, 장미, 치자나무 등의 꽃에서 직접 나는 향기를 따르지 못합니다. 또 꽃들의 향기는 꽃마다 특징이 있어, 눈을 감고 향기만 맡아보아도 어떤 꽃인지 알 수 있습니다.

꽃가게에서는 허브라고 부르는 잎에서 향내가 나는 수많은 종류의 식물을 판매하고 있습니다. 사람들이 좋아하는 커피를 비롯한 각종 차의 향기도 모두 식물이 만든 향료입니다. 사람들은 향나무에서 나는 향기도 매우 좋아합니다. 여러분은 연필을 깎을 때 나는 나무 향이라든가, 한약재 속에 든 감초

〈그림 1-12〉 동양란은 작은 꽃을 피우지만 어떤 향수보다 향기로운 향(물질)을 대량 생산합니다. 우리는 꽃향기를 인공합성하지 못하고 있습니다.

의 향을 기억하고 있을 것입니다.

　식물은 그 열매에서도 좋은 향기를 냅니다. 우리는 사과, 포도, 바나나, 복숭아, 수박, 오이, 참외의 향기를 맡으면 그것이 무엇인지 바로바로 알 수 있죠. 식물이 꽃이나 잎에서 어떤 화학반응을 거쳐 그처럼 향기로운 물질을 다양하게 만드는지 알아내기만 한다면, 인공적으로 대량 합성한 향료를 더욱 적절히 사용하여 생활 주변을 더욱 향기롭게 할 수 있을 것입니다.

2장
동식물은 위대한 건축가

1. 수련의 우아하고 튼튼한 건축술

훌륭한 건물로 인정받으려면 적어도 3가지 조건을 갖추어야 합니다. 첫째는 견고할 것, 둘째는 경제적일 것, 셋째는 주변 환경과 조화를 이룬 아름다운 건물이어야 합니다. 간단해 보이지만 이 기본 조건을 갖추도록 건축하기란 참 어려운 일입니다. 그러나 동식물 건축가들은 3가지 조건을 갖춘 훌륭한 건축을 하고 있습니다.

1851년, 영국 런던 하이드파크에서 만국박람회가 개최되었을 때, 박람회장이 가장 자랑한 상징물은 조셉 팩스튼 경이 설계한 아름다운 유리 건축물이었습니다. 수정궁(Crystal Palace)이라 명명된 이 건물은 온실 형태였으며, 박람회가 끝난 뒤에도 인기가 좋아, 건물을 교외로 옮겨 재건축했답니다. 수정궁의 명성은 해마다 높아갔는데, 유감스럽게도 1936년 화재로 파괴되고 말았습니다.

수정궁을 지은 팩스튼 경은 이 건축물을 설계할 때, 아마존강에 사는 거대한 수련(학명 Victoria Amazonica)의 모습에서 많은 것을 모방했다고 합니다. 그가 모델로 삼았던 아마존수련은 강변의 우거진 숲 그늘에 사는 식물로서,

〈그림 2-1〉 아마존수련의 잎은 수면에 퍼져 있으며 지름이 3m에 이르기도 합니다. 잎 뒷면(오른쪽)을 보면, 심한 파도가 일어도 잎이 찢어지지 않는 이유를 알 수 있습니다.

지름이 3m에 이르는 우아한 넓은 잎을 수면에 펼치고 있습니다.

그 잎은 세찬 수면의 흔들림에도 찢어지는 일이 없으며 태양을 효과적으로 받을 수 있도록 활짝 펼쳐져 있지요. 〈그림 2-1〉처럼 아마존수련의 잎 뒷면을 보면 대자연의 건축술에 탄성이 절로 나옵니다.

그늘진 숲속에서 자라는 고사리가 잎을 활짝 펼치고 있는 모양을 보면, 여러 가닥으로 뻗은 줄기와 잎이 서로 겹치지 않게 하면서도 최대한 햇빛을 많이 받도록 배치하고 있습니다. 우아하게 잎을 펼친 고사리의 건축술을 유심히 관찰해보면 무거운 잎을 잘 받쳐든 견고성, 햇빛을 향해 잎을 적절히 배치한 경제성, 아름다운 건축미를 느끼지 않을 수 없습니다.

광합성을 하는 식물은 태양광을 효과적으로 받도록 가지와 잎을 적절히 배치합니다. 거대한 수목일지라도 수많은 가지에 매달린 잎 하나하나는 가능한 한 서로 겹치지 않도록 배열되어 있습니다. 소나기가 쏟아질 때 가로수 밑으로 들어가면 큰 우산을 쓴 것처럼 한동안 비를 맞지 않을 수 있습니다. 그것은 잎들이 하늘을 향해 효과적으로 펼쳐져 있기 때문입니다.

이런 구조는 식물의 겉모습에서만 볼 수 있는 것이 아닙니다. 광합성이 일어나는 엽록체가 들어 있는 잎 내부의 세포들까지 빛을 많이 받는 구조로

〈그림 2-2〉 종려나무는 햇빛을 효과적으로 받도록 부챗살 모양으로 그 잎을 펼치고 있습니다. 태양을 향하는 잎의 구조는 식물마다 다르지만, 모두 효과적인 형태를 가지고 있습니다.

배열되어 있답니다. 그뿐이 아닙니다. 광합성이 실제로 일어나는 엽록체도 효과적으로 공간 배치가 되어 있으며, 더욱더 작은 분자의 구조까지 효율적으로 설계된 것을 볼 수 있습니다. 식물은 이런 놀라운 공간 건축술을 써서 태양에너지를 화학에너지(영양분)로 바꾸고 있지요.

 우리가 사는 마을에 높은 건물이 새로 들어선다고 하면, 자기 집이 그늘지게 된다고 일조권을 주장하며 항의하는 소동이 일어납니다. 대도시를 계획할 때 각 건물과 방을 어떻게 효과적으로 배열하면 모두 넉넉한 빛과 신선한 공기를 얻을 수 있을까요? 만일 이 문제를 컴퓨터를 통해 답을 얻고자 한다면 그 결과는 아마도 식물의 그것과 비슷해질 것입니다.

2장 동식물은 위대한 건축가

2. 새의 타원형 알은 단단한 구조이다

'계란'이라고 하면 금방 깨질 것만 같은 이미지를 가지고 있습니다. 그래서 포장상자에 유리잔이나 깨어진 계란이 그려져 있으면 조심해서 운반하라는 표시가 됩니다. 어떤 마술사들은 계란을 가득 놓고 그 위를 맨발로 깨뜨리지 않고 걷는 묘기를 관중들에게 보입니다. 마술은 눈속임이지요. 석회질로 된 얇은 새의 알껍데기는 참 약해 보이지만, 알껍데기에 숨겨진 몇 가지 비밀을 알고 나면 생각이 바뀔 것입니다.

추운 바다에 사는 바다오리 암컷은 알을 절벽 끝에 낳습니다. 심한 바람이 불면 금방 굴러떨어질 것 같지만, 그 알은 바람에 밀리더라도 주변을 빙그르 돌아 제자리로 옵니다. 이것은 알이 타원형이기 때문에 무게중심이 중간에서 비켜 있는 탓입니다.

알은 바람에 밀리거나 어미의 발에 걸려 구르게 되더라도 공처럼 굴러나가지 않고 빙그르 돌아 제자리로 와서 멈추게 되는 것입니다. 만약 알의 무게중심이 중앙에 있다면 강풍에 밀린 알은 쉽게 절벽 아래로 굴러떨어질 것입니다.

아프리카에 사는 이집트독수리는 타조의 알을 즐겨 먹는데, 독수리의 부리는 강력하지만 직접 쪼아서는 알이 깨지지 않습니다. 그러므로 독수리는

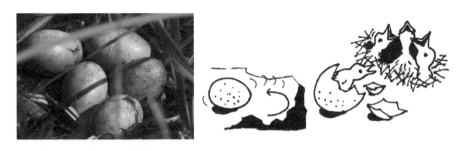

〈그림 2-3〉 타원형 알은 굴러도 밖으로 나가지 않고 제자리로 돌아옵니다. 새의 타원형 알은 외부 압력에는 강하지만 뾰족한 것의 충격에는 약합니다.

부로 돌을 물어 들어 올렸다가 내려치는 충격법을 씁니다.

 알의 둥그스름한 형태는 그 역학 구조가 누르는 힘에 대해 강하게 견딜 수 있게 되어 있습니다. 손바닥 안에 계란을 쥐고 힘껏 잡아 보면 계란이 얼마나 외력에 강한지 알게 되지요.

 그러나 뾰족한 것으로 순간적인 충격을 주면 아주 쉽게 깨어지는 것이 새의 알입니다. 그 이유는 알껍데기에 탄성이 전혀 없기 때문이지요. 여기에는 그럴 이유가 있습니다. 부화한 새끼가 알에서 나올 때는 스스로 뾰족한 부리로 쪼아 쉽게 껍질을 깨뜨릴 수 있어야 하기 때문이지요.

 반면에 알이 누르는 힘에 대해서 강한 이유는, 알 속에 있는 수분이 많은 끈끈한 젤라틴 같은 흰자 때문입니다. 이 흰자는 압축되지 않는 액체이므로, 탄성을 가지고 있습니다. 그러므로 외부에서 어떤 힘이 계란을 누르면, 그 에너지는 알의 흰자에서 열에너지로 바뀌어 버립니다. 조개껍데기가 타원형인 것도 외력에 잘 견딜 수 있는 구조입니다. 반구형의 조개껍데기가 얼마나 외부의 누르는 힘에 강한지 실험해 보세요.

2장 동식물은 위대한 건축가

3. 육각형 아파트를 짓는 꿀벌의 건축술

꿀벌이 지은 집은 모두 정육각형 건축물입니다. 꿀벌은 육각형 집에 꿀을 저장하기도 하지만, 알을 키우는 육아실로도 사용합니다. 꿀벌은 왜 사각형이나 원통형의 집을 마다했을까요?

벌집의 정육각형 아파트 구조는 최소의 건축자재를 써서 최대의 공간을 얻는 경제적인 건축 방법입니다. 또 육각형의 한 면은 이웃하는 면과 빈틈없이 연결되는 공동 벽이 될 수 있으며, 육각형 기둥은 역학적으로 아주 튼튼하답니다.

꿀벌은 육각형 집을 대충 조립하고 있을까요? 놀랍게도 벌집의 벽 두께는 0.073㎜인데, 그 오차는 2%에 불과합니다. 육각형의 지름은 5.5㎜로서 그역시 오차가 5%이지요. 또 모든 꿀벌의 집은 수평면에 대해서 13도 각도로 기울게 지어져 있습니다. 그들이 어떤 방법으로 이토록 정확하게 측량하는지는 알지 못합니다.

사람들은 가장 훌륭한 건축자재를 자연에서 얻고 있습니다. 좋은 건축 재료가 되려면 단단해서 깨지지 않아야 하고, 강하면서 탄성을 가져야 하며, 열을 잘 보존하는 성질이 있어야 하지요. 건축 재료로 가장 많이 쓰는 목재, 합판, 종이, 카드보드 등은 모두 식물에서 얻는 것입니다. 더구나 이 자연의 재료는 인공적으로 만든 건축자재와는 달리 아교와 같은 접착제로 서로 붙였을 때 단단하게 붙어주는 고마운 성질까지 갖고 있습니다.

꿀벌의 건축자재는 무엇일까요? 꿀벌은 복부 마디 아래쪽에 있는 샘에서분비한 물질을 입으로 씹으면서 침샘에서 나오는 액체를 섞어 종이와 비슷한 밀랍을 만듭니다. 이 밀랍은 새의 깃털처럼 가벼우며 강한 내수, 내열,

〈그림 2-4〉 꿀벌의 집은 정확히 육각형이며 크기도 동일합니다. 육각형 벌집은 빈틈없이 서로 붙어 있습니다. 벌집의 재료인 밀랍은 새의 깃털처럼 가벼우며 물과 열에 강하고 좋은 탄성을 가지고 있습니다.

강도, 탄성을 갖고 있습니다.

 시골 헛간 천장이나 처마 밑에서 볼 수 있는 종이를 뭉쳐둔 것 같은 벌집은 말벌이나 쌍살벌이 지은 것입니다. 이런 벌들은 썩은 나무나 풀잎의 섬유소를 씹어서 펄프를 만들고, 거기에 침을 섞어 비가 새지 않는 훌륭한 종이 벌집을 제조하는 것입니다. 집을 짓는 동안 벌의 타액은 접착제 역할도 하고 제지용 화공약품 작용도 합니다.

4. 제비에게 배운 벽돌 제조기술

원시 시대의 인간은 자연적으로 생긴 석회 동굴이나 화산 동굴에서 살았습니다. 그러나 새들은 풀잎이라든가 진흙으로 비가 들지 않고 다른 동물의 침입도 막을 수 있는 정교한 집을 만들 줄 알고 있었습니다.

새들은 종류에 따라 각기 다른 재료로 저마다 특색 있는 집을 짓습니다. 제비를 보면 젖은 흙에 풀잎을 섞어 부스러지지 않는 흙집을 만듭니다. 남아메리카의 가마새도 진흙에 지푸라기를 뒤섞어 커다란 집을 만듭니다.

남아메리카의 페루 북쪽 해안에는 5000년 전에 원주민들이 지은 '아도베' 라는 흙벽돌집이 지금까지도 지진과 폭우를 견디며 남아 있습니다. 이런 아도베 집은 오늘날의 원주민들도 짓고 있습니다. 그러므로 아도베는 5000년 전에 생물에게 배운 지혜라고 하겠습니다.

이런 흙벽돌은 그냥 만든 것보다 훨씬 튼튼하고 쉽게 갈라지지 않습니다.

제비는 처마 밑에 한 번 집을 지으면, 그 집을 해마다 찾아와 조금만 손질을 하고 그대로 몇 년 동안 삽니다. 우리의 초가집도 흙집의 일종입니다.

5. 흰개미의 개미탑 건축술

흰개미의 건축술은 오래전부터 곤충학자들에게 흥미로운 연구 대상이었습니다. 지구상에는 약 2,000종의 흰개미가 살고 있습니다. 흰개미는 이름과 달리, 사실은 개미가 아니라 바퀴벌레에 가까운 곤충입니다. 개미는 아니지만, 그들도 여왕흰개미, 숫흰개미, 일꾼흰개미, 병정흰개미 등으로 계급사회를 만들어 공동생활을 합니다.

흰개미는 열대지방에 많으며, 그들은 죽은 나무를 먹고삽니다. 흰개미들은 종류에 따라 서로 다른 모양의 집을 지어요. 우리들의 흥미를 끄는 개미집은 흙으로 지은 높은 탑처럼 생긴 것입니다. 어떤 흰개미는 갓이 달린 버섯 모양의 집을 짓습니다.

아프리카에 사는 '마크로테르메스'라는 흰개미는 지상에 9m나 되는 첨탑 같은 건축물을 쌓아 올립니다. 그들이 지은 건물은 어찌나 단단한지 그것을 파괴하려면 바위를 깨뜨릴 때처럼 화약 같은 폭발물을 사용해야 할 정도입니다. 만일 도끼로 깨려고 하면 매번 불꽃이 튀지요.

그들이 쌓아 올린 콘크리트는 흙과 모래에다 그들의 침을 섞은 것입니다. 현재 우리는 석회 가루를 가공한 시멘트에 모래를 혼합하여 콘크리트를 만들지만, 흰개미의 제조법은 인간의 기술보다 간단하고 더 단단합니다. 그런데 흰개미의 콘크리트 제조기술을 우리는 아직 알지 못하고 있답니다.

〈그림 2-5〉 흰개미는 벌이나 개미처럼 흰여왕개미를 중심으로 사회생활을 합니다. 흰개미가 흙으로 탑처럼 지은 집은 도끼로 깨는 것조차 힘들 정도로 단단합니다. 흰개미는 모두 장님입니다.

■□ 냉난방과 환기가 잘되는 개미탑

그들의 초고층 개미탑에는 많을 경우 200만 마리의 일꾼흰개미가 1마리의 여왕을 모시고 살기도 합니다. 놀라운 것은 대가족이 사는 그들의 집이 습도, 통풍, 온도 조절이 잘되도록 지어져 있다는 것입니다. 예를 들어 태양열을 받아 외벽은 손을 대지 못할 정도로 뜨거운데도 내부 온도는 29도에 불과합니다. 또 대가족이 살면 산소가 부족해지기 쉬운데, 빌딩 아래위에 적절히 구멍을 만들어 자연스럽게 환기가 되도록 한답니다.

오스트레일리아의 어떤 흰개미는 3m 높이의 성냥갑 같은 집을 짓는데, 신비스럽게도 그들의 집은 모두가 남향입니다.

흰개미가 건축가로만 유명한 것은 아닙니다. 그들은 밀림 속에서 죽은 나무를 갉아 먹어 다른 식물이 자라는데 필요한 영양으로 되돌려 놓는 '자연의 청소부' 역할도 합니다.

만일 정글 속 죽은 나무들이 빨리 분해되지 않는다면, 다른 식물의 성장에 장애가 될 것입니다. 이것은 동물의 세계에서도 마찬가지입니다. 하이에나, 재규어, 독수리 등은 죽은 동물을 먹어 치움으로써, 썩은 냄새가 나거나 구더기가 생길 사이 없이 자연을 정화하는 고마운 청소꾼 동물이지요.

또 한 가지 흥미로운 것은 흰개미의 소화기관 안에 공생하는 단세포의 원생동물입니다. 흰개미의 장내에 원생동물이 전혀 살 수 없도록 실험을 해보면, 흰개미는 며칠 안 가 죽어버립니다. 그 이유는 이 원생동물에서 나오는 효소가 나무의 섬유소를 분해해서 흰개미에게 영양을 공급해주기 때문입니다. 흰개미의 소화관에 사는 원생동물의 '섬유소 분해기술' 또한 과학자의 관심 대상입니다.

6. 조개와 소라는 수중 건축기술자

 바닷가의 얕은 모래나 개펄 또는 바위에 사는 조개, 소라, 전복, 삿갓조개, 따개비 등의 껍데기를 유심히 살펴봅시다. 그들은 어떤 방법으로 그들이 숨어 사는 단단한 집을 그토록 정교하고 아름답게 건축했을까요?

 이 바다동물은 그들의 단단한 집을 껍데기 위에서 건축하는 것이 아니라, 소라의 안이나 조개 속에서 혓바닥 같은 부드러운 조직('외투막'이라 함)을 내밀어 근사한 집을 증축해 가는 것입니다.

 그들은 건축만 잘하는 것이 아니라, 바닷물속에서 칼슘과 같은 재료를 뽑아내 단단하고 광채도 아름다운 자연의 시멘트를 만들어 집을 짓는 것입니다. 그들의 시멘트 공장에서는 전력을 사용하지도 않고, 기계 소리도 나지 않으며 공해물질이 배출되는 일도 없습니다.

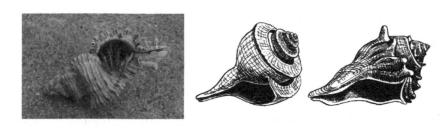

〈그림 2-6〉 하등동물인 소라는 껍데기 안에 살면서 자신의 집을 아름답게 증축해 가는 최고의 건축가입니다. 소라의 집은 종에 따라 모두 독특합니다.

7. 동물이 만드는 스티로폼

중국요리의 하나인 제비집 수프는 열대 아시아에 사는 흰제비칼새가 절벽 동굴에 지은 집을 채취해서 만든 것입니다. 투명한 플라스틱 같은 흰제비칼새의 집은 침과 함께 이끼나 식물섬유, 깃털 등을 섞어 만든 것입니다.

야자칼새는 야자 잎에 섬유와 침으로 튼튼한 집을 짓습니다. 그들이 집을 지을 때 섬유를 넣어 보강하는 것은, 철근을 넣어 단단한 콘크리트를 만드는 것과 같은 이치입니다.

새 종류 가운데 특별히 이름난 건축가는 섬유를 교묘하게 엮어 자루 모양의 집을 지어 나뭇가지 끝에 매달아 두고 사는 여러 종류의 직조새 무리와 흙으로 빵 굽는 가마 모양의 집을 만드는 남미의 가마새라 하겠습니다.

하얀 스티로폼은 기포로 가득 차 있어 가벼우며 충격에 잘 견디고 보온성이 좋습니다. 버려진 스티로폼이 공해 문제를 유발하기 때문에 말썽을 일으키는데, 이것을 대신할 수 있는 공해 없는 '자연산 스티로폼'을 제조할 방법은 없을까요?

동물 중에는 무공해 스티로폼을 만드는 것이 있습니다. 자바나 말레이시아 등지의 밀림에 사는 어떤 개구리는 물속에 알을 낳지 않고, 나뭇잎에 끈끈한 점액을 분비한 뒤 뒷발로 이것을 휘저어 거품을 만들고는, 그곳에 알을 낳은 뒤 다음 올챙이가 나오기까지 기다립니다.

그 거품은 표면이 단단하게 굳기 때문에 내부 수분이 오래도록 잘 보존됩니다. 거품을 만드는 개구리는 여러 종류입니다. 또 거품을 만드는 동물 중에는 이름까지 거품벌레라는 곤충도 있습니다. 동물이 만드는 이런 거품은 자연의 스티로폼입니다.

8. 동식물이 만드는 건축자재

과학관에 가면 공룡의 거대한 뼈를 비롯해 개구리, 물고기, 거북, 새, 코끼리, 기린 등의 골격표본을 관찰할 수 있으며, 새우나 게의 몸을 싸고 있는 단단한 외골격표본도 볼 수 있지요. 대부분의 관람객은 그러한 골격표본을 단순한 구경거리로 생각하지만, 생체모방과학을 이해하는 사람은 그것들이 예사롭게 보이지 않습니다.

식사 때 우리는 소나 돼지, 닭, 생선 등의 뼈에서 살을 잘 발라먹습니다. 그러면서도 그들의 뼛조각이 왜 각기 모양이 다르고 구조가 특이한지에 대해서는 별로 관심을 두지 않습니다. 골격은 몸이 일정한 형태로 활발히 활동할 수 있도록 받쳐주는 역할을 합니다. 뼈는 건축물의 기둥과 골조이며, 다리의 교각과 같은 역할을 합니다. 뼈는 근육과 결합해 있습니다. 뼈와 뼈가 이어지는 관절부는 이웃 뼈와 교묘하게 협력하여 잘 움직일 수 있게 합니다.

 인체도 그렇지만 모든 동물의 뼈는 제각기 기묘한 형태를 가지고 있습니다. 인체를 이루는 206개의 뼈를 보면, 좌우 대칭인 뼈를 제외하고는 그 형태가 같은 것이 없습니다. 그리고 건축자재처럼 네모지거나 원형이거나 직선 구조를 가진 뼈도 찾아볼 수 없습니다.

〈그림 2-7〉 게, 새우, 곤충은 단단한 껍질이 뼈를 대신하기 때문에 외골격이라고 합니다. 외골격의 성분은 키틴과 단백질이 결합한 것이며, 가볍고 단단한 성질을 가지고 있습니다.

뼈는 가벼우면서 튼튼해야 합니다. 외부의 누르는 힘에 잘 견뎌야 하고, 쉽게 깨지거나 부러지지 않아야 하지요. 그러기 위해 뼈는 적절한 탄성도 가져야 합니다.

동물 뼈의 주성분은 인과 칼슘에 소량의 철분이 결합한 수산화인회석이라는 물질입니다. 수산화인회석은 다시 '교원질'이라는 머리카락 같은 섬유질 사이에 끼어들어 다발을 이루고 있습니다. 이처럼 뼈는 무기물과 유기물이 결합해 있지요.

뼈 못지 않게 단단한 것으로는 조개껍데기, 이빨, 바다의 산호 등이 있습니다. 이들도 단백질과 무기물이 결합하여 견고한 성질을 나타냅니다.

곤충들은 뼈가 없는 대신 단단한 껍질(외골격 또는 피부골격이라 함)로 몸을 싸고 있습니다. 이 외골격은 '키틴'이라는 물질과 단백질이 결합한 물질로 이루어졌어요. 키틴은 나무의 섬유소와 비슷하게 가느다란 섬유가 길게 이어져 있으며, 이런 키틴 섬유에 단백질이 결합하여 가벼우면서 튼튼하고 탄성이 좋은 외골격이 된 것입니다.

과학자들은 동물들의 뼈가 왜 가벼우면서 탄성이 좋고 잘 깨지지 않는지 연구해 왔습니다. 위와 같은 사실을 알게 된 과학자들은 동물 뼈의 구조를 모방하여 강화 플라스틱(FRP)이라고 부르는 것을 개발했습니다. 요트의 선체를 비롯하여 헬멧, 낚싯대 등을 만드는 강화 플라스틱은 가느다란 유리섬유에 플라스틱을 입힌 것으로, 뼈의 교원질 섬유 사이에 수산화인석을 채운 것과 그 원리가 같습니다.

건물을 지을 때는 철근(섬유)에 콘크리트(단백질)를 혼합하여 강화된 철근 콘크리트를 만들고 있습니다. 자동차 타이어를 제조할 때도 비슷한 방법을 응용하여, 고무에 탄소 입자를 섞음으로써 뼈처럼 단단하면서 내구성이 좋게 만드는 것입니다. 과학자들은 뼈가 단단한 이유를 아직 완전히 알지 못하고 있습니다. 만일 이에 대한 지식이 늘어난다면 우리는 지금보다 훨씬 좋은 각종 건축자재를 생산할 수 있게 될 것입니다.

9. 철근과 쇠 파이프는 자연에게 배운 구조

거대한 공룡의 척추를 보면 H자 모양입니다. 이러한 형태는 공학적으로 아주 튼튼한 구조입니다. 기차선로라든가 빌딩 건축에 사용하는 철제 기둥을 모두 H자 모양으로 만들고 있는 것은 그것을 본뜬 것이기도 합니다.

무거운 상품을 포장하는 종이상자의 재료인 골판지는 양쪽 벽 사이에 주름진 종이를 넣어 만듭니다. 이러한 주름은 딱정벌레의 몸을 감싼 단단한 날개집에서 볼 수 있습니다.

자동차의 타이어를 보면 바닥에 홈이 길게 패어 있습니다. 이 홈이 하는 역할은 아스팔트 위에서 잘 미끄러지지 않게 하는 겁니다. 이것은 사람의 손가락 피부를 덮고 있는 지문이 하는 역할과 같습니다. 즉 지문이 없다면 손은 매끄러운 물체를 잘 붙잡지 못한답니다.

대나무는 줄기가 가느다랗고 길지만, 강풍이 불어도 잘 부러지지 않습니다. 그래서 대나무 낚싯대는 가볍지만 큰 고기를 잡아도 쉽게 부러지는 일이 없습니다. 대나무 줄기는 속이 빈 것이 특징입니다. 벼나 강아지풀의 줄기도 속이 비어 있습니다. 만일 그렇지 않다면 이들의 줄기는 약한 바람에 쉽게 꺾어지고 말 것입니다('대나무가 준 지혜와 편리함' 참고).

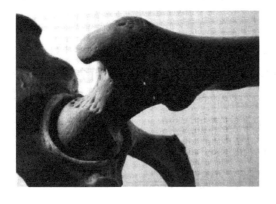

〈그림 2-8〉 공룡의 척추뼈는 H자 모양입니다. 기차가 달리는 철로나 건물이나 교량 건설에 사용하는 철근을 H자 모양으로 만든 것은 자연으로부터 배운 지혜입니다. 사진은 인간의 골반과 다리뼈가 연결되는 부분입니다.

〈그림 2-9〉 손바닥의 지문은 물건을 잡을 때 미끄러지지 않게 해주는 역할을 합니다.

〈그림 2-10〉 민들레씨를 받쳐 든 줄기도 속이 비어 바람에 잘 견딜 수 있습니다.

건축 공사에 쓰는 쇠 파이프라든가 철봉의 쇠 파이프는 대나무의 줄기처럼 속이 비어 있습니다. 그 이유는 속이 꽉 찬 파이프보다 빈 것이 잘 휘어지지 않고 강한 성질을 나타내기 때문입니다.

사람들이 쇠 파이프의 속을 비게 만들어 사용하게 된 것은, 알고 보면 연약한 풀줄기에서 배운 지혜입니다. 대나무 줄기의 자랑은 그뿐이 아닙니다. 대나무에는 도중에 마디가 있습니다. 이 마디는 속이 빈 파이프의 강도를 더욱 강화하는 역할을 합니다.

대나무는 가벼우면서 강하기 때문에 건물을 지을 때, 작업자들이 오르내리는 발판으로 사용하기 편리합니다. 쇠 파이프가 귀하고 비싸던 과거에는 우리나라에서도 건축물 발판으로 대나무를 주로 사용했습니다. 대나무가 많이 나는 열대지방에서는 지금도 대나무 발판을 이용하고 있습니다.

10. 동물은 기계 없이 터널을 파는 명수

동물 중에는 터널을 잘 파는 기술자들이 있습니다. 개미, 지렁이, 두더지는 대표적으로 잘 알려진 터널 기술자입니다. 얇은 나뭇잎 사이를 파고 다니는 굴나방의 유충, 목선에 구멍을 뚫는 배좀벌레조개는 굴 파기 명수입니다.

　해저 터널이라든가 교통기관이 지나는 터널은 모두 TBM(Tunnel Boring Machine)이라는 굴착기계로 파고 있습니다. 이 굴착기계의 원리를 인간에게 알려준 것은 보잘것없는 조개 종류였습니다.

　영국 런던 테스강 아래를 지나는 최초의 테스 터널은 1843년에 완공되었습니다. 그 당시의 기술로 강바닥 아래의 무른 땅을 뚫고 터널을 만드는 것은 여간 위험한 일이 아니었습니다. 그 시절 이 터널 공법을 창안한 사람은 마크 브루넬인데, 그는 그 기술을 목선 수리 조선소에서 배웠습니다.

　바다에는 목선에 피해를 주는 배좀벌레조개(Shipworm)라는 조개가 삽니다. 이 조개는 단단한 나무를 갉아 먹으며 매끈하게 굴을 파고 들어가기 때문에 목선의 수명에 치명적인 영향을 주지요.

　브루넬은 이 배좀벌레조개가 단단한 나무속을 파고 들어가는 방법을 관찰했습니다. 그는 이때 힌트를 얻어 현대 터널 굴착 기계의 원형이 되는 TBM을 고안한 것입니다.

　배좀벌레조개는 두 장의 조개껍데기를 180도 회전시켜 나무속을 갉아내고, 이것을 '발'이라 부르는 흡입기관을 통해 몸속으로 빨아들입니다. 조개는 이렇게 흡입한 나무를 소화해 영양분으로 섭취하고, 그 배설물을 구멍 벽에 발라 무너지지 않도록 강화된 나무속 터널을 만듭니다.

　개미 또한 아무런 도구나 자재를 쓰지 않고도 무른 흙 속에 튼튼한 지하 수십 층짜리 터널을 미로처럼 파놓고 살아가는 터널 건설기술자들입니다. 개미의 터널 굴착 기술에 대해서도 더욱 연구해 볼 필요가 있습니다.

11. 인간의 손은 최고의 공작기계

로봇공학자들이 가진 최대의 꿈이 있다면 그것은 인간의 손처럼 자유롭게 움직이는 로봇 손을 만드는 것이랍니다. 과학자들은 손 기능을 가진 로봇을 만들어내려고 무척 노력합니다.

어떤 도구나 기계도 사람의 손처럼 훌륭하게 만들어진 것은 없습니다. 손은 이 세상에서 쓰는 모든 도구와 기계장치를 만들어냈고, 인류 문명을 창조해낸 주인공입니다.

인간의 손이 얼마나 놀라운 능력을 갖추고 있는지 잠시 생각해 봅시다. 헬렌 켈러는 상대방의 얼굴을 손으로 만져보면 바로 누구인지 알고, 상대가 말할 때 그 입술에 손가락을 대면 그의 말을 알아들을 수 있었습니다.

또한 헬렌 켈러는 라디오 스피커에 손을 대 어떤 음악이 연주되고 있는지, 바이올린 연주인지 첼로인지를 구별했다 합니다. 이것은 인간의 손이 얼마나 훌륭한 감각 기능을 가지고 있는지를 말해줍니다.

인류의 조상은 창과 몽둥이 등으로 사냥을 했고, 잡은 짐승은 돌도끼나 돌칼로 손질했습니다. 그러는 동안에 손은 무엇을 쥐고, 던지고, 비틀고, 다듬고 하는 힘과 솜씨를 발달시키게 된 것입니다. 성인 남자의 경우 손으로 쥐는 힘(악력)은 40~50㎏입니다. 일반적으로 남자는 여자에 비해 2배 가까운

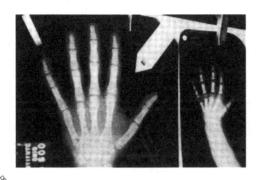

〈그림 2-11〉 인간의 손은 최고의 솜씨를 낼 수 있는 기계입니다. 세상의 모든 도구와 기계는 모두 손이 만들었습니다. 인간의 손을 흉내 내는 것은 로봇과학의 꿈입니다.

악력을 가졌습니다만, 여자는 남자보다 손놀림이 섬세한 편이지요. 사람의 악력이 얼마나 큰지는 갓난아기를 보면 알 수 있습니다. 갓 태어난 아기지만 작은 손으로 의사의 손가락을 잡고 오래도록 매달려 있을 수 있지요.

사람의 손은 많은 자랑을 가졌습니다. 그중에서도 신비로운 것 중 하나는 아무리 오래도록 힘들게 일을 해도 손은 좀처럼 피로해지지 않는다는 것입니다. 설령 지쳤다 하더라도 잠시만 쉬면 원상태로 회복되지요. 그리고 손은 훈련에 따라 기적 같은 능력을 발휘합니다. 일급 타자수는 1분에 600번 이상 손가락을 움직여 자판을 두드릴 수 있습니다. 피아니스트나 바이올리니스트가 빠른 곡을 연주하는 것을 보면 도저히 믿을 수 없게 손가락을 움직입니다.

손은 대단히 정교한 솜씨를 가졌습니다. 화가나 조각가, 공예가의 손은 말할 것도 없거니와 뇌수술을 하는 외과 의사도 그에 못지않은 손놀림을 구사합니다. 맹인은 손가락 끝으로 점자를 빠르게 읽고, 또 농아인들은 손으로 (수화) 상대와 어떤 표현도 다 나누고 있습니다. 심지어 수화로 시와 노래를 표현하기도 합니다.

인간의 손과 다른 동물의 손의 가장 큰 차이는 엄지손가락이 다른 4개의 손가락과 마주 보고 있어 물건을 잘 잡을 수 있다는 것입니다. 인간은 이런 손으로 온갖 동작을 자유롭게 할 수 있습니다. 만일 우리에게 엄지가 없다면 텔레비전 스위치 하나도 제대로 돌릴 수 없게 되지요. 사람처럼 엄지를 잘 움직일 수 있는 동물은 없습니다. 그래서 어떤 과학자는 "인간의 진화는 손의 진화였다"고 말하기도 합니다.

사람의 손이 가진 또 하나의 자랑은 손바닥이 주름 가득한 부드러운 피부로 싸여 있고, 손바닥에 늘 알맞은 양의 땀이 분비되고 있다는 것입니다. 손

2장 동식물은 위대한 건축가

바닥 땀은 적당한 마찰을 통해 물건을 미끄러짐 없이 단단히 잡도록 해줍니다. 신비하게도 잠자는 동안에는 손바닥에 땀이 전혀 나지 않습니다.

　그러나 사람 손과 달리 금속으로 만든 로봇 손은 강약을 조절하면서 물건을 쥐기도 어렵고, 물건의 형태에 따라 손바닥 자세를 변형해 가면서 잘 잡을 수도 없습니다.

■ □ 손의 동작을 조절하는 피드백 기능

　무인 공장에서 일하는 로봇 중에는 사람 손처럼 움직이는 'T-3'라는 로봇 팔이 있습니다. 이 로봇 팔은 사람의 팔처럼 상하좌우, 앞뒤로 회전을 자유롭게 할 수 있도록 6개의 관절을 가지고 있지요. 그래서 이런 로봇 팔은 '자유도 6'이라고 표현합니다.

　사람의 손을 보면, 손가락 하나하나에 마디가 3개씩 있고 그 손가락은 제각기 좌우로 움직일 수 있어 '자유도 4'이지요. 단 엄지손가락은 마디가 둘이지만 상하 운동과 회전 동작을 할 수 있어, 이 역시 '자유도 4'입니다. 그러므로 다섯 손가락의 자유도는 모두 20이 됩니다.

　사람 손이 아주 정교한 작업을 할 수 있는 것은 이처럼 많은 자유도가 있기 때문입니다. 사람의 손과 같이 자유도 20을 가진 로봇 손을 만들기란 마이크로 칩의 발달 덕분에 이제는 어려운 일이 아닙니다. 그러나 그것을 정교하게 움직이도록 조정하는 일은 간단치 않아요. 그래서 오늘날 공장에서 쓰는 로봇 손은 2개나 3개의 손가락으로 간단한 동작만 하도록 만들고 있습니다.

　로봇 손과 팔을 움직이는 힘은 전기 모터로부터 전달됩니다. 매우 큰 힘이 필요할 때는 유압장치를 사용하고, 모든 동작은 컴퓨터 프로그램에 따라 진행됩니다. 로봇 팔의 손은 바꿔 끼울 수 있도록 만듭니다. '손 부분'만 팔에서 분리하여 작업 종류에 따라 다른 모양의 기계 손으로 바꿔 끼우는 겁니다. 만일 로봇 손으로 드럼통처럼 큰 물건을 집어 올려야 한다면 커다란 집게 손을 달아야 하고, 종이를 1장씩 집어서 옮겨야 하는 일이라면 흡반이 달린 손으로 바꿔 끼웁니다.

자동차 제조 공장에서는 T-3 로봇 팔에 페인트를 뿌리는 노즐(분무기) 손을 달아 차체에 칠을 하고, 전기용접 손으로는 불꽃을 튀기며 철판과 철판을 단단히 연결하도록 합니다.

이런 로봇 손을 만드는 데 있어 가장 어려운 일 중 하나는 로봇 손에 피드백 기능을 넣어주는 것입니다. 우리는 길을 가다가 갑자기 구덩이를 만난다거나 하면 자신이 의식하기도 전에 두 발이 우뚝 멈추거나, 그것을 훌쩍 뛰어 건너갑니다. 또 종이컵을 손에 쥐고 물을 받을 경우, 컵을 너무 강하게 쥐면 컵이 찌그러질 것이고, 반대로 약하게 잡으면 컵을 떨어뜨리게 될 것입니다.

손의 감각과 뇌 신경은 무의식 상태에서 연속적으로 적절하게 작용하여 적당한 힘으로 컵을 드는 동시에, 물을 쏟지 않도록 컵을 수평으로 유지합니다. 피드백이란 바로 이런 자동적인 손동작처럼, 감각기관에 의해 이뤄지는 자동 조절 기능을 말합니다. 인간뿐만 아니라 동물의 운동 기능은 모두가 이런 자동 조정(바이오피드백)에 의해 이루어지고 있습니다.

오늘날의 로봇 손은 상당히 발전했습니다. 부드러운 고무 피부 아래에 정밀한 각종 전자 감지장치를 깔아 신경을 대신하도록 합니다. 피드백 기능도 마이크로칩의 발달과 함께 발전해 가고 있습니다. 정밀한 수술 솜씨가 필요한 외과 의사들은 인간의 손보다 더 훌륭한 로봇 손이 만들어질 수 있기를 바라고 있습니다.

3장
동물의 방향 탐지기술

1. 새들은 천재적인 항해사

인간은 5가지 감각 기능을 가지고 있습니다. 눈으로 보는 시각, 귀로 듣는 청각, 코로 냄새를 맡는 후각, 혀로 맛을 느끼는 미각 그리고 피부를 통해 느끼는 촉각이 그것입니다. 예로부터 사람들은 동물에게는 인간이 모르는 제 6의 감각이 있어, 그걸 이용해서 먼 길을 정확히 찾아다닐 수 있다고 생각했습니다. 동물의 제6감에 대한 신비가 조금씩 밝혀지고 있습니다.

만일 여러분의 눈을 가리고 차에 태워 몇 시간 달린 뒤 어딘가에 내려놓는다면, 자기가 어디쯤 와 있는지 알 수 있을까요? 산과 하늘을 둘러보고 태양의 위치를 눈여겨본다면, 되돌아가야 할 길이 어느 쪽인지 알 수 있을까요? 누구나 "못해요!"라고 대답할 것입니다. 그러나 비둘기나 다른 새들의 눈을 가리고 수백㎞ 밖으로 나가, 가린 눈을 풀고 놓아주면 그들은 제집의 방향을 알고 찾아갈 수 있습니다.

먼바다를 항해하는 선원이나 비행기 조종사들은 바다와 하늘만 보이는 곳을 다녀야 하기 때문에, 길을 잃지 않도록 늘 조심하지 않으면 안 됩니다. 예를 들어 선박의 항해사는 나침반과 항해 지도를 가지고 끊임없이 자기가 현재 가고 있는 위치를 확인합니다. 그러기 위해 배의 속도를 계산하고, 항해한 시간을 재며, 관측장치로 진행 방향을 확인합니다. 또한 태양의 각도를 재고, 밤이면 북극성의 위치와 각도를 확인하면서 이를 계산기와 자 등을 이용해 정확히 계산하여 지도(해도)상에 행로를 그리면서 갑니다.

이것만으로도 부정확해서 오늘날에는 위치를 알려주는 인공위성과 교신하고, 컴퓨터를 써서 정밀하게 항로를 찾습니다. 그러면서도 등대 불빛을 찾고, 심한 안개가 시야를 가리면 운행을 멈추고 바른길을 찾을 수 있을 때까지 그대로 떠 있기도 합니다.

3장 동물의 방향 탐지기술

〈그림 3-1〉 새들은 자기 집을 잘 찾아갑니다. 철새들이 수만㎞의 길을 이동할 때는 별자리를 보고 가야 할 방향을 정하기도 합니다. 새의 뇌에는 우리가 알지 못하는 놀라운 방향 탐지장치가 숨겨져 있습니다.

오늘날에는 인공위성에서 현재의 위치(위도와 경도)를 알려주는 시스템이 개발되어 이를 잘 이용하고 있습니다. GPS(Global Positioning System) 또는 내비게이션 시스템이라 부르는 인공위성을 이용한 위치정보 시스템은 몇 미터 오차로 자기 위치를 정확히 알 수 있습니다.

이러한 GPS는 선박과 비행기, 자동차의 길 안내자가 되었으며, 낯선 길을 걷는 장님에게 목적지의 방향과 거리를 알려주는 도구가 되기도 합니다. 경찰은 시내를 달리는 순찰차와 앰뷸런스가 어디에 있는지 늘 파악하여, 사건 현장에 가장 가까이 있는 차가 어느 차인지 즉시 알고 그 차에 명령을 보내기도 합니다.

■□ 동물의 내비게이션 시스템

그러나 동물 중에는 인공위성을 이용한 내비게이션 시스템 없이도 맨몸으로 수천㎞ 떨어진 자기 보금자리를 찾아가는 것이 있습니다. 더욱 놀라운 것은, 그들은 한 번도 가보지 않은 길도 누구의 도움을 받거나 특별한 장비를 사용하지 않고 찾아간다는 것입니다.

비둘기나 철새를 비롯한 많은 새들은 어떤 항해 장비도 없이 제 갈 길을 잘 날아갑니다. 땅 위에 기어 다니는 개미도 무거운 먹이를 물고 먼 길을 걸어 제집을 찾아갑니다. 또 꿀벌들은 자기 벌통으로부터 수십㎞나 떨어진 곳에서도 자기 여왕이 있는 곳으로 되돌아옵니다. 이렇게 보잘것없는 동물들이 어떻게 방향 감각을 가지고 길을 찾아가는지에 대한 의문은 수천 년 전부터 가졌던 큰 수수께끼 중 하나였습니다.

북아메리카의 북극 가까운 곳에 사는 검은솔새라는 작은 새는, 가을이 오면 남아메리카 대륙까지 약 4,000㎞나 되는 거리를 나흘 걸려 비행합니다. 이런 대이동을 하고 나면 솔새의 몸무게는 절반으로 줄어듭니다.

철새는 수백 종이 있습니다. 철새들이 어떤 방법으로 그토록 먼 목적지를 정확히 찾아가고 또 돌아올 수 있는지, 또 그들은 이동해야 할 계절을 어떻게 판단하는지 모두가 궁금한 일입니다.

철새들이 이동할 때 가야 할 방향과 멈추어야 할 위치를 아는 것은 새들에게 지구의 자력장(磁力場)을 느끼는 특별한 감각기관이 있기 때문이라는 주장을 처음으로 한 사람은 1840년대의 러시아 과학자 알렉산더 미덴도르프였습니다. 그 뒤부터 '자력장 탐지설'은 과학자들 사이에 끊임없이 논쟁거리가 되어 왔습니다.

■ □ 땅의 자력을 탐지하는 비둘기

지구가 거대한 자석이라는 것을 여러분은 알고 있습니다. 나침반을 들고 지구상 어디를 가더라도 바늘은 남북 방향을 향해 섭니다. 이것은 지구 전체에 자력이 작용하고 있음을 나타냅니다. 그런데 지구 표면에 작용하는 자력은 장소에 따라 차이가 있습니다. 독일의 과학자인 구스타프 크래머는 50년 전쯤에, 새들은 자력뿐만 아니라 태양의 위치를 보고 자기 집의 방향을 아는 능력이 있다고 주장했습니다. 그와 비슷한 시기에 오스트리아의 과학자 칼프리쉬는 꿀벌이 자기의 벌통을 찾아올 때, 태양의 위치를 파악하여

〈그림 3-2〉 비둘기를 길들여 편지를 배달하는 '전서구'는 전쟁터에서 전적을 알리는 방법으로 이용되었습니다.

방향을 안다는 사실을 구체적으로 밝혀냈습니다. 이 연구로 노벨상을 받았습니다.

새와 꿀벌 등의 제6감에 대한 사실이 조금씩 알려지자 과학자들은 그에 대해 깊이 연구하기 시작했고, 그 결과 여러 가지 새로운 사실도 알게 되었습니다. 예를 들면, 비둘기는 자기가 날고 있는 공중의 높이가 어느 정도인지 4㎜ 오차로 정밀하게 판단한다는 것이 밝혀졌습니다. 또한 비둘기는 사람이 보지 못하는 자외선을 느낄 수 있고, 인간이 듣지 못하는 아주 낮은 소리(저주파 초음파)를 듣는다는 것이 확인되었습니다.

독일 괴팅겐 대학의 과학자 쾨니히는 비둘기 눈에 반투명한 안경을 씌워서 집으로부터 130㎞ 떨어진 곳에서 날려 보내 봤습니다. 비둘기가 쓴 안경은 5~6m 이상 먼 곳은 보이지 않게 만든 것이었습니다. 그렇지만 비둘기는 여전히 자기 집을 잘 찾아왔습니다.

이런 사실은 비둘기는 하늘 높은 곳에서 자기가 늘 보던 지형을 판단하여 집을 찾아가는 것이 아님을 증명합니다. 즉 비둘기는 태양의 위치를 판단하여 보금자리가 있는 곳을 알거나(정위 기능이라 함), 자력 탐지 기능을 이용한다고 생각되는 것입니다.

그는 비둘기의 비행을 조종하는 '생체 컴퓨터'가 몸의 어디에 있는지 알아보기로 했습니다. 그는 비둘기를 멀리 데리고 나가, 귀 옆에 작은 자석을 붙여 날려 보냈습니다. 그랬더니 자석을 매단 비둘기는 집을 찾지 못했습니다. 자석이 비둘기 머릿속의 자장탐지기에 혼란을 일으킨 것입니다.

■ □ 별자리를 보고 이동하는 철새

1970년대에 미국 코넬 대학의 엠린은 "철새는 태양을 보고 위치를 판단하는 능력을 갖추고 있을 뿐만 아니라, 밤에는 별자리를 보고 방향을 안다."는 새로운 사실을 알아내 과학자들을 놀라게 했습니다. 사실 많은 철새들은 밤에 장거리 비행을 합니다. 달 밝은 밤의 기러기 이야기는 이 사실을 말해 주기도 합니다.

철새가 남쪽으로 이동할 계절이 되었을 때, 엠린 박사는 솔새를 플레니타륨(인공적으로 별자리를 만들어 보이는 과학관 등에 있는 별자리 투영기) 속에 두고, 그들이 어느 쪽으로 날려고 하는지 관찰했습니다. 그는 천장에 비치는 별자리의 방향을 이리저리 바꾸어 보았습니다. 그때마다 새는 남쪽 별자리가 있는 방향으로 날아가려고 했습니다.

이 실험에서 새들은 지구 자력선의 방향과 관계없이 플레니타륨의 천장에 보이는 별자리에 따라, 즉 남쪽 별자리를 왼쪽으로 돌려놓으면 새들은 왼쪽으로만 날려고 했던 것입니다. 계절이 바뀌면 그때는 다시 북쪽 별자리 쪽으로 날려고 했습니다. 더 자세히 조사한 결과 새들은 북극성을 기준으로 자기가 날아갈 방향을 정하고 있었습니다.

■ □ 1,600㎞를 찾아온 바닷새 앨버트로스

오래전의 일입니다. 미국의 과학자들은 태평양의 미드웨이섬에 사는 앨버트로스라는 대형 바닷새를 열여섯 마리 생포하여 실험해보았습니다. 그들은 앨버트로스를 두 마리씩 나누어 비행기에 싣고 일본, 필리핀, 마리아나, 마샬, 하와이, 미드웨이 그리고 워싱턴으로 가져가 풀어놓아 주었습니다.

3장 동물의 방향 탐지기술

이때 과학자들은 이 새를 쉽게 발견해낼 수 있도록 작은 꼬리표(표지, 標識)를 발목에 매어두었습니다.

　나중에 확인한 결과 16마리 가운데 14마리가 미드웨이섬으로 정확히 돌아왔습니다. 워싱턴에서 온 것은 5,200㎞를 11일 만에(매일 515㎞를 직선으로 이동) 찾아왔고, 필리핀에서 날아온 것은 6,600㎞를 32일 만에(매일 200㎞ 비행) 온 것이었습니다. 놀랍게도 이 새들은 오는 동안 태풍을 만나면, 그 속으로 들어가지 않고 돌아서 안전한 길을 따라 고향까지 날아왔던 것입니다.

　동물들이 이렇게 제집을 찾아오는 것을 두고, 사람들은 '귀소 본능'이라 말합니다만, 과학자들은 귀소 본능에 숨겨진 비밀이 궁금합니다. 동물들이 자기의 보금자리를 정확히 찾아가는 능력에 대한 신비를 밝혀낼 수 있다면, 그 원리를 이용하여 새로운 자동항법 시스템을 개발할 수 있게 될 것입니다.

2. 태어난 강을 찾아오는 연어의 신비

연어는 맑은 강물에서 태어나 잠시 살다가는 다시 바다로 나가 이곳저곳을 다니며 지내다가 산란할 정도로 성숙하면 자기가 태어난 강(모천, 母川)으로 올라와 알을 낳고 죽는 물고기로 유명합니다.

연어는 맑은 물이 흐르는 세계 각처의 강을 고향으로 삼고 있습니다. 우리나라에는 동해안의 몇몇 강(남대천 등)이 연어가 찾아오는 곳이지요. 이곳에서는 인공적으로 연어알을 대량 부화시켜 방류해줌으로써 더 많은 연어가 찾아올 수 있도록 하고 있습니다. 그러나 해가 갈수록 돌아오는 연어의 수가 줄어 염려하고 있지요.

연어는 땅콩 한 알 크기의 뇌를 가지고 있습니다. 그런데도 어떻게 자기가 태어난 강을 찾아올 수 있을까요? 연어가 모천으로 회귀하는 능력을 가졌다는 사실은 1599년에 노르웨이 사람인 피더 크로손 프리슨이 처음으로 기록했습니다.

노르웨이는 강이 많고, 그 강에는 모두 연어들이 찾아옵니다. 그런데 그는 300m 거리를 두고 나란히 흐르는 두 개의 강에 각기 다른 연어가 산다는 사실을 발견했습니다. 즉 낚시꾼이 잡아 온 연어의 모양만 보면, 어느 강에서 낚은 것인지 바로 알 수 있었던 것입니다.

북아메리카에도 연어가 찾아오는 강이 많습니다. 그중 하나인 컬럼비아강에 연어 산란철이 오면 많은 낚시인이 찾아옵니다. 연어들이 수천㎞나 되는 긴 강을 따라 내륙 얕은 곳까지 올라오면, 야생 곰들도 물속에 들어가 연어를 잡아먹습니다.

컬럼비아강에는 수력 발전용 댐이 중간 중간 일곱 개나 있습니다. 각 댐에는 연어들이 상류로 거슬러 올라갈 수 있도록 계단식으로 만든 물길이 준비되어 있는데, 연어철이 되면 이 '물고기 계단'을 따라 연어들이 힘차게 뛰어오르는 모습을 보기 위해 많은 관광객이 찾아오기도 합니다.

■ □ 연어는 모천의 냄새를 기억한다

 연어들이 자기가 태어났던 강을 찾아올 수 있는 이유에 대한 의문을 풀기 위해 과학자들은 오랫동안 연구를 해왔습니다. 미국의 아서 해슬러는 연어 연구자로 유명합니다. 그는 1950년대 초부터 "연어는 냄새로 자기가 태어난 강을 찾아온다"고 주장해 왔습니다. 그는 자신의 이론을 뒷받침할 여러 실험 결과를 보고했습니다. 그중 한 가지를 소개합니다.

 그는 연어의 치어(새끼고기)를 강이 아닌 호수의 양어장에서 키우면서 모플린이라는 약품을 소량 넣어, 그 약품의 냄새를 맡고 자라게 했습니다. 연어가 바다로 나가야 할 시기가 되었을 때, 그는 이 새끼 연어들을 바다에 놓아 주었죠.

 실험에 이용된 연어들은 사실상 양어장에서 자랐기 때문에 자기들이 돌아가야 할 고향의 강(모천)이 따로 없었습니다. 그러나 연어들은 몇 개의 강으로 찾아왔습니다. 신기하게도 실험 연어들이 찾아온 곳은 모두 해슬러가 모플린 약품을 풀어 놓은 강이었습니다. 이 실험 결과를 볼 때, 연어들은 분명히 자기가 태어난 강물의 독특한 냄새를 기억하고 있고, 몇 해가 지난 뒤라도 잊어버리지 않고 찾아온다는 것을 짐작할 수 있습니다.

 세계의 여러 강은 어떻게 각기 다른 독특한 냄새를 갖게 될까요? 과학자들은 이 의문에 대한 정확한 답을 모릅니다. 다만 강이 흐르는 곳의 특별한 광물질 냄새이거나, 그 강에 자라는 독특한 식물에서 분비되는 물질이 아닐까 하고 생각합니다.

 연어에 대한 과학자들의 의문은 많습니다. 강물의 냄새가 아무리 독특하고 진하다 하더라도, 그 강물이 넓은 바다에 흘러들면 희석되어 농도가 약해지기 때문에 냄새를 맡기 어렵게 된다는 것입니다.

 사실 아무리 훌륭한 감각기관을 가졌다 해도 세계의 바닷물에 골고루 퍼져버린 냄새를 분석해 내기란 불가능할 것입니다. 그러므로 연어에게는 과학자들이 알지 못하는 다른 초감각이 있지 않을까요?

3. 자기 굴을 찾아가는 개미 머리의 컴퓨터

개미들이 자기 집에서 나와 먹이를 찾아다니는 것을 보면, 어떤 경우 100m 이상, 때로는 200m나 멀리 떨어진 곳까지 나가는 것을 확인할 수 있습니다. 먹이를 찾는 동안 개미의 발걸음은 이리 갔다 저리 갔다 오락가락합니다. 그러면서 수시로 걸음을 멈추었다가 다시 걷곤 합니다. 그러나 일단 먹이를 발견하여 그것을 입에 문 다음부터는 개미의 발걸음은 방황하는 일 없이 거의 일직선으로 자기 굴이 있는 방향으로 달려가지요.

개미는 어떻게 자기 집 방향을 알고 직선 길을 달려갈까요? 과거에는 개미가 자기만의 독특한 냄새물질을 흘리고 다니기 때문에, 그것을 거꾸로 추적해서 찾아간다고만 생각했습니다. 그러나 개미에게도 태양의 위치를 파악하여 방향을 알아내는 장치가 있다는 것을 알게 되었습니다.

개미는 수백 개의 렌즈로 구성된 복안을 가졌습니다(사람의 눈은 하나의 렌즈로 된 단안). 개미가 가진 복안 렌즈 중에서 80개는 태양의 위치를 각기 다른 각도로 측정하고, 각 렌즈가 판단한 태양의 위치에 대한 정보는 개미의 작은 두뇌 속에서 계산되어 자기 집 방향과 연관 지어 기억됩니다. 개미는 이런 계산을 집에서 떠나는 순간부터 끊임없이 하는 모양입니다. 작은 머릿속에 그토록 훌륭한 컴퓨터가 있다는 것은 믿기 어려운 일입니다.

개미가 과연 위치를 얼마나 잘 파악하는지 조사하기 위해 스위스의 과학자 루디거 베흐너는 특수한 편광 유리를 써서 태양이 엉뚱한 방향에서 보이도록 하는 실험을 해보았습니다. 그랬더니 정말 개미는 길을 잃고 원을 그리면서 걷기 시작했습니다. 개미는 때때로 길을 잃기도 하는데, 그럴 때는 동심원을 점점 크게 그리면서 장시간 걷는 방법으로 집을 찾아냅니다.

개미는 구름이 끼어 태양이 비치지 않아도 태양의 위치를 알아냅니다. 이것은 사람의 눈으로는 느끼지 못하는 편광(태양에서 바로 나온 빛)을 보는 능력이 있기 때문입니다. 또 개미는 자외선도 볼 수 있습니다.

4. 상어는 두 가지 제6감을 가졌다

상어는 넓은 바다를 여기저기 돌아다닐 때 언제나 자신이 지나다닌 곳의 자장(磁場)을 기억하여 그에 따라 이동한다고 알고 있습니다. 또한 그들은 아주 약한 전류(전장)를 탐지할 수 있습니다.

상어에게는 6감이 두 가지나 있다고 알려져 있습니다. 첫째는 새들과 마찬가지로 자력(자장)을 탐지하는 능력이고, 다른 하나는 전류(전장, 電場)를 탐지한다는 것입니다. 상어는 자장과 전장을 탐지하여 먹이를 찾고, 자기가 가야 할 곳을 이동해 다닙니다.

모랫바닥에 몸을 감추고 있는 넙치를 잡아먹을 때, 상어는 넙치의 몸에서 발산되는 지극히 약한 전류를 탐지하여 그 지점을 공격합니다. 이 사실을 증명하기 위해 네덜란드 과학자 칼미즌은 물 밑 모래 속에 아주 약한 전류가 흐르는 전극을 숨겨 놓았습니다. 그때 상어는 정확히 그 위치를 알고 공격했습니다. 실험 결과 상어는 10억 분의 5볼트에 불과한 전류도 탐지할 수 있었습니다.

상어의 제6감기관은 머리 부분의 구멍 속에 있는 '로렌지니의 앰플라'라고 부르는 곳에 있습니다. 이 기관은 17세기에 이탈리아의 해부학자 로렌지니가 처음 이름을 붙인 것이지요(전기물고기의 신비에 대해서는 '6-12' 참조).

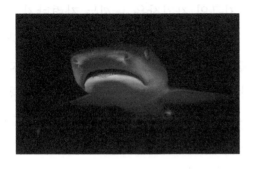

〈그림 3-3〉 상어는 전기장과 자기장의 변화를 탐지하여 먹이를 찾기도 하고 가야 할 목적지도 찾는 능력을 갖췄습니다.

5. 철새처럼 대륙을 이동하는 나비

장거리 여행을 하는 동물에는 철새나 고래, 코끼리 등만 있는 것이 아니라 연약한 나비 종류도 있답니다. 나비가 해마다 수천㎞를 여행하는 신비한 능력은 어디에서 나오는 것일까요?

여름 동안 미국 전역에서 볼 수 있는 모나크나비는 겨울이 되면 따뜻한 멕시코로 이동하여 산속의 전나무에서 떼를 지어 겨울을 납니다.

봄이 오면 이 나비는 북쪽으로 이동을 시작하지요. 도중에 밀크위드(Milkweed)라는 식물을 발견하면 거기에 산란하고는 수명을 끝냅니다. 그러면 밀크위드 잎에서 깨어난 애벌레는 그 잎을 먹고 새로운 나비가 되지요.

새 나비는 다시 북쪽으로 이동을 계속하다가 또 산란합니다. 나비는 이렇게 몇 차례 대를 이어가며 북쪽으로 여행을 계속하여 캐나다까지 이릅니다.

가을이 되어 꽃의 꿀이 말라가면, 모나크나비는 남쪽으로 이동을 시작합니다. 연약한 날개를 펄럭이며 남쪽으로 돌아갈 때는 알을 낳지 않습니다.

그들은 연약한 날개로 어떻게 미국을 건너 멕시코까지 갈 수 있는지 큰 수수께끼의 하나입니다. 한 번도 가본 적이 없는 고향의 방향을 어떻게 알고 찾아갈까요? 멕시코 산속이 최종 목적지라는 것을 어떻게 알까요? 겨울이 끝나도록 꿀을 먹지 않고 어떻게 지낼 수 있을까요? 모나크나비는 다른 나비와 달리 왜 그토록 힘든 여행을 해오고 있을까요?

새, 벌, 연어, 심지어 나비에게까지 지구의 자기장을 느끼는 자력탐지 장치와 그것을 분석하는 생물 컴퓨터가 몸의 어딘가에 있는 것은 확실합니다. 그러나 그들이 지구상의 좌표(위도와 경도)를 어떻게 그토록 정밀하게 판단하는지 추측조차 할 수 없습니다. 이 세상에 사는 수많은 생물들은 오늘의 첨단과학으로도 알지 못하는 신비를 감추고 있습니다. 그것은 동물이 가진 미지의 제6감입니다. 동물들이 가진 초감각에 대해 알아내는 일은 생체모방 과학 분야에서 제일 큰 연구 과제 중 하나입니다.

4장
기상과 천재지변을 예보하는 동물

1. 동물은 기상 변화를 미리 안다

태풍이 일고, 해일이 발생하는 것을 미리 알 수 없을까? 그리고 기상이라든 가 천재지변을 인간의 마음대로 조금이라도 조절할 수 없을까? 이것은 미래 의 커다란 꿈입니다. 폭풍이 밀어닥칠 때 바람의 진로를 바꾸거나 막는다는 것은 불가능한 일입니다. 그러나 폭풍이 불어올 때와 장소, 규모 등을 통해 미리 알고 그에 대비한다면 피해를 줄일 수 있습니다.

누구나 일기예보가 정확하기를 원합니다. 숲과 초원을 떠돌며 사냥을 하 던 원시 시대의 사람들이 농사를 짓고 가축을 키우는 농경 시대에 들어오면 서, 일기변화를 미리 알아야 할 필요성이 더욱 커졌습니다. 그들에겐 지진, 화산 폭발, 한발, 홍수, 태풍, 서리, 우박, 폭설 따위의 자연재해만큼 무서운 것이 없었습니다. 그들은 천재지변과 기상 변화를 예측하기 위해 자연을 관 찰하기 시작했습니다.

오랜 세월이 지나면서 일기를 예상하는데 필요한 여러 가지 지식을 얻었 고, 그 지식은 입에서 입으로 전해져 왔습니다. 일기 예측에 관한 가장 오랜 기록은 바빌로니아 시대의 점토판에 "햇무리가 생기면 비가 내린다"는 내 용입니다.

과학기술이 발전하면서 일기예보 적중률이 높아졌습니다. 관측소 규모의 확대, 계측기기와 기상정보처리 컴퓨터의 발달, 기상학의 진보 때문일 것입 니다. 오늘날의 기상관측 인공위성에는 지표(地表)의 설원이나 구름 상태를 촬영하는 장치와 그곳에서 반사되고 흡수되는 에너지를 측정하는 장치도 실려 있습니다. 기상위성이 지상으로 보낸 사진에는 태풍이나 허리케인을 만드는 거대한 구름 소용돌이가 상세히 나타납니다.

오늘날 기상학이 이처럼 발달했는데도 일기예보가 종종 틀리는 이유는 어

〈그림 4-1〉 태풍이 가까이 오면 해파리들은 파도가 심하지 않은 곳으로 미리 이동하는 능력이 있습니다.

디에 있을까요? 중요한 원인 중 하나는 지구를 둘러싼 공기층(대기층) 전역에서 기상관측을 하고 있지 못하는 탓입니다. 사실 기상관측은 대기층의 아래쪽 지표 가까운 곳에서만 하고 있습니다. 무인 기상관측 도구인 기구(氣球)를 공중에 띄워 올려 최고 30㎞ 고도의 기상 상태도 관측하고 있으나, 그런 기구는 관측자의 뜻에 따라 조정되는 것이 아니라 풍향과 풍속에 따라 움직이고 있어 적절한 데이터가 되지 못하는 경우가 허다합니다.

비행기에서도 고공 기상관측을 하기도 하지만, 기구만큼 높이 올라갈 수는 없습니다. 그렇다고 높은 하늘로 관측 로켓을 쏜다는 것은 너무 비용이 많이 듭니다. 또 비행기와 로켓은 빠른 속도로 움직이고 있어 이용에 한계가 있지요.

일기예보를 위해 수집되는 정보량은 엄청나게 많습니다. 그러나 기상 변화는 빨리 일어나고, 그러한 변화를 짧은 시간 내에 분석하기도 어려운 일입니다. 그런데 자연계에는 대기 중의 기상 변화를 민감하게 느끼는 생명체가 있습니다.

■ □ 기상 변화를 탐지하는 동물들

해마다 수천 명의 사람이 태풍으로 목숨을 잃고 엄청난 재산 피해를 봅니다. 2005년에는 인도양에서 발생한 해일(쓰나미) 때문에 순식간에 수십만 명이 목숨과 재산을 잃었습니다.

기상관측에 쓰는 기압계라는 것은 폭풍우가 내습하기 2시간 전쯤에야 그 것을 감지하여 기압이 내려가고 있음을 알려줍니다. 이럴 때는 피할 겨를도 없이 폭풍과 정면으로 부딪치고 맙니다.

바다에 사는 새나 일부 동물들은 사람보다 먼저 폭풍우의 내습을 탐지하는 능력이 있습니다. 선원이나 해안의 주민들은 이 사실을 잘 알고 있지요. 예를 들어 기압계의 눈금이 아직 내려가지 않고, 기상이 악화될 기미가 보이지 않는데도, 돌고래는 폭풍이 불 것을 미리 알고 파도가 약한 섬이나 육지의 그늘을 찾으며, 덩치가 큰 고래는 넓은 바다로 나갑니다. 갈매기와 상어도 미리 알고 대피합니다. 만일 폭풍이 올 것을 미리 알지 못한다면 바다의 동물들은 살아남기 어렵습니다.

바닷새를 비롯한 바다의 동물에게는 어떤 관측장치가 있어 폭풍우가 접근하는 것을 미리 알까요? 그 신비를 알아낸다면, 천재지변의 예보는 빠르고 정확해질 것으로 생각됩니다.

동물 중에서는 과학자들이 아직 모르는 특별한 예보장치를 가진 동물들이 발견되고 있습니다. 그중에서 일찍 관찰 대상이 된 동물은 수분이 많기로 유명한 해파리입니다. 해파리의 행동을 연구한 결과, 그들은 폭풍이 접근하기 전에 파도의 영향이 적은 연안의 안전한 곳으로 급히 이동한다는 것을 알았습니다. 만일 그들에게 그런 능력이 없다면, 폭풍이 내습할 때마다 해파리는 파도에 떠밀려 해변 바위나 모래밭으로 던져지고 말 것입니다.

해파리 같은 하등동물이 어떻게 폭풍우가 올 것을 몇 시간 전에 미리 아는 것일까요? 해파리 몸을 조사한 결과 초음파를 느끼는 청각기관을 가지고 있다는 것을 알았습니다. 폭풍이 닥쳐오기 10~15시간 전에 수중을 전해오는 초음파를 그들의 청각기관이 듣는다는 것입니다.

초음파는 폭풍이 일 때 공기 중에 발생하는데, 그 음파는 1초에 8~11회 진동합니다. 이런 낮은 진동수의 음파는 우리 귀가 듣지 못하므로 '초음파'

4장 기상과 천재지변을 예보하는 동물

〈그림 4-2〉 바다의 새들은 태풍이 닥치기 전에 안전한 곳으로 모두 피하고 있습니다.

라고 부릅니다. 해파리의 청각기관은 끝에 작은 공이 붙은 가느다란 막대 모양을 하고 있습니다. 그 공 안에는 액체가 들어 있고, 그 위에 작은 돌이 떠 있는데, 이것이 신경에 접촉되어 있습니다. 초음파가 이 공을 진동시키면 작은 돌이 흔들려 그 신호를 신경에 전하는 것입니다.

■ □ 해일을 미리 아는 동물

해일은 해저에서 지진이 일어나거나 화산이 폭발했을 때, 그 충격으로 생긴 파도가 산더미처럼 밀려오는 자연현상입니다. 지진이 일어나면 지진파가 발생함으로 지진관측소에서는 지진이 어디서 어떤 규모로 발생했는지 곧 알 수 있습니다. 그러나 지진이나 해일이 언제 어디서 어떤 규모로 발생할 것인지에 대해서는 오늘날의 과학기술도 거의 예측하지 못합니다.

지진으로 생긴 파도(해일)는 지진파와 달리 진행 속도가 느리므로 언제 육지까지 도착할 것인지 짐작하기 어렵습니다. 2004년 말 인도양에 해일이 발생했을 때도 주변 바닷가 사람들은 아무도 그것을 눈치채지 못했습니다. 그때의 파도 높이는 최고 15m나 되었다고 합니다.

흥미로운 것은 해일이 일어났던 당시 수십만 명의 희생자가 생겼지만, 바다의 고래나 물고기가 해일 피해를 본 광경은 목격되지 않았다는 점입니다. 아마도 바다의 물고기나 동물들은 해파리처럼 초음파라든가 지진파를 감지하여, 해일이 밀려오는 것을 피해 수심이 깊은 안전한 곳으로 미리 피난했을지도 모릅니다.

해파리의 초음파 탐지 능력 외에, 물고기가 가진 기압계에 대해서도 연구할 가치가 있습니다. 예를 들면, 폭풍이 오려고 하면 어떤 메기들은 그때마다 수면 위로 올라오는 것이 목격되었습니다. 어떤 미꾸라지의 일종은 맑은 날에는 수조의 밑바닥에서 조용히 지내는데, 그들이 긴 몸을 흔들며 돌아다니기 시작하면 하늘에 구름이 나타난다는 것입니다.

이런 현상을 잘 살펴 물고기가 가진 예민한 기압계의 비밀을 밝혀낼 필요가 있습니다. 과학자들의 관찰에 따르면, 물고기의 기압계는 부레였습니다. 물고기의 몸속에 든 작은 풍선처럼 생긴 부레(공기주머니)는 몸의 비중을 주변의 물 비중과 같게 하여 자유롭게 떠서 헤엄칠 수 있게 해줍니다. 그러므로 이런 부레는 기압 변화를 민감하게 느낄 수 있을 것입니다.

■ □ 비 오는 계절을 미리 아는 동물들

거머리도 기상 변화에 민감하게 반응하는 것으로 알려져 있습니다. 거머리를 어항에 넣고 관찰하면, 기상이 좋을 땐 밑바닥에 조용히 있다가, 강풍이나 뇌우가 오려고 하면 몸을 휘청거리며 빠르게 수영을 하고, 나중엔 수면 밖으로 몸을 내밀어 어항 벽에 붙습니다.

날씨가 흐려지면 지렁이가 지표로 나온다는 것은 잘 알려진 일입니다. 이것은 지렁이의 피부가 공기 중의 습도 변화를 민감하게 느끼는 탓이라고 볼 수 있습니다.

큰비가 오려고 하면 개구리들이 유난히 많이 운다는 얘기가 있는데, 이것 역시 개구리의 몸이 습도 변화에 민감하다는 사실을 뒷받침합니다. 비가 많이 내리면 홍수 위험이 있으므로 개구리에게도 떠내려가지 않도록 안전대책이 있어야 하겠지요.

〈그림 4-3〉 개구리는 피부로 습도를 감지합니다. 건조한 봄철에는 물가에서 멀리 가지 않습니다.

　나무에 사는 아프리카의 어떤 청개구리는 우기가 시작되는 때를 미리 알고 물에서 나와 나무에 기어오른답니다. 그래서 원주민들은 이 개구리가 나무 위로 올라가는 것을 목격하면 장마를 대비하여 집과 논밭을 정돈합니다.

　여러 해 전, 국립과학관에서 열린 전국과학전람회의 출품 작품 중에는 초등학교 어린이들이 청개구리와 기상과의 관계를 조사한 것이 있었습니다. 그들의 관찰에 따르면, 청개구리가 나무 높이 기어오르면 꼭 날씨가 흐려지는데, 이러한 청개구리의 행위는 일기예보보다 더 정확했다는 것이었습니다.

　개구리나 지렁이의 피부는 건조에 대단히 민감하지요. 봄철의 개구리는 물가를 떠나지 않아요. 그러나 여름에는 물에서 상당히 먼 곳까지 나다니는 것을 볼 수 있습니다. 이것은 우리나라의 봄철은 공기가 건조하고, 여름엔 습도가 높으므로 할 수 있는 행동입니다.

■ □ 기상을 예보하는 새와 곤충

　새들은 훌륭한 일기예보관입니다. 새들은 기압과 습도의 변화, 우기가 오기 전에 대기 중의 정전기가 축적되는 현상이나 태양광선이 엷은 구름에 가리어 태양 빛의 밝기가 변하는 것 등을 민감하게 느낀답니다. 기상에 대한 새들의 반응은 지저귀는 소리, 깃털의 모습, 앉았다가 날아가는 동작, 철새의 경우 출발과 도착 시간의 변화 등으로 나타납니다. 한 예로 종달새가 낮게 날 때는 일기가 나빠지고, 하늘 높이 날면 좋은 날씨입니다. 또 폭풍우가 오려고 하면 높이 날다 낮게 날다 하면서 야단스럽습니다.

　곤충들과 거미도 기상 변화에 민감한 반응을 보입니다. 역사에 남아 있는 다음 이야기는 퍽 흥미롭습니다. 1794년 겨울, 프랑스군이 네덜란드를 침공했을 때의 일입니다. 당시 프랑스군의 공격을 막기 위해 네덜란드인은 운하의 수문을 열어 도로를 침수시켰습니다. 이러한 방어는 효과가 있어 프랑스군은 진격을 포기하고 퇴각을 생각하고 있었습니다.

이때 프랑스의 사령관은 거미 한 마리가 열심히 집을 짓고 있는 것을 보고, 돌연 퇴각 중지를 명령했답니다. 거미가 집을 짓는다는 것은 곧 날씨가 갠다는 증거가 됩니다. 사령관은 이 사실을 알고 있었던 겁니다. 정말 날이 개자 기온이 내려가기 시작했고, 침수 지역은 얼음으로 뒤덮이고 말았습니다. 결국 네덜란드군은 얼음 위로 공격해오는 프랑스군을 막을 수 없었습니다.

개미와 꿀벌도 비가 올 것을 사전에 압니다. 개미는 비가 들지 않도록 집 입구를 막고, 꿀벌은 꿀 수확 작업을 멈추고 집으로 돌아옵니다. 만일 그들이 그런 기상 악화를 미리 알지 못한다면 살아남기 어렵습니다.

만일 파리가 집안으로 자꾸 날아들어 온다면, 비가 내릴 징조입니다. 그러므로 날씨가 화창한 데도 파리들이 성가시게 실내로 많이 들어온다고 생각되면, 곧 흐린 날씨로 변할 것을 예측할 수 있습니다.

일부 곤충들은 장기예보를 한다고 알려져 있습니다. 예를 들어, 꿀 수확이 끝나가는 가을에 꿀벌이 집 입구를 조그맣게 남기고 밀봉하면, 그 겨울은 춥고, 입구가 크면 추위가 심하지 않은 겨울이라는 이야기가 있어요.

■ □ 양털이 눅눅해지면 비가 내린다

공기 중에 습기가 적으면 활동하지 못하는 곤충인 쥐며느리는 습도 탐지 기관을 가지고 있습니다. 쥐며느리 몸 표면에는 고감도 습도계가 약 100개쯤 붙어 있는데, 그것은 끝이 나누어진 작은 돌기입니다. 이런 구조는 다른 딱정벌레에서도 찾아볼 수 있습니다.

'동물 습도계'에 대한 뉴턴 시대의 이야기가 지금까지 남아 있습니다. 어

〈그림 4-4〉 양털이 눅눅해지면 비가 곧 내릴 징조입니다. 사람의 머리카락도 습도가 높아지면 길어집니다.

느 청명한 날 산책하러 나간 뉴턴은 도중에 양치기를 만났습니다. 그때 양치기는 뉴턴에게 "곧 비가 올 테니 집으로 돌아가세요."라고 말했습니다. 그러나 뉴턴은 산책을 계속했지요. 30분쯤 뒤 뉴턴은 정말 소나기를 만났습니다.

정확한 예보에 감탄한 뉴턴은 나중에 그 양치기에게 이유를 물었습니다. 양치기는 "양털이 눅눅해지는 것을 보면 비가 가까이 온다는 것을 알 수 있습니다."라고 대답했답니다.

자연은 산양과 같은 동물에게도 일기예보 능력을 부여했습니다. 산양이 집 안에 들어와 있으면 비가 올 것을 예측할 수 있고, 풀밭에 나가 있으면 청명한 날씨가 이어진답니다.

기상관측에 사용하는 머리카락 습도계를 생각해 봅시다. 습기가 많으면 머리카락이 늘어나는 성질을 이용한 이 습도계는 생물체를 이용하는 귀중한 기상관측 도구의 하나입니다. 머리카락 습도계 재료로는 서양인의 가느다란 은발이 더 좋다고 합니다.

■ □식물도 기상예보관이다

기상 변화에 대한 반응은 동물뿐만 아니라 식물에서도 찾아볼 수 있습니다. 식물은 기온, 기압, 대기와 토양의 습도, 태양 빛의 강도 변화에 대해 동물과 다름없이 민감하게 반응을 보입니다. 화사하게 핀 꽃이 비를 맞고 나면 볼품이 없습니다. 만일 식물이 비가 내리든 말든 활짝 핀다면, 벌과 나비가 오지 못하는 날, 공연히 꽃 피우느라 영양분만 소비하는 결과가 될 것입니다.

고사리 잎이 아침부터 잘 펴져 있으면 따뜻하고 청명한 하루가 됩니다. 금잔화, 채송화, 나팔꽃, 호박꽃 등이 활짝 피지 않는 아침은 비가 오거나 흐린 날입니다. 작은 클로버 잎을 닮은 괭이풀의 잎이 펴지지 않아도 그렇습니다.

오랫동안 농사를 지어온 농민들은 어느 날 씨앗을 뿌리고, 옮겨 심고, 수확하고 할 것인지를 달력에 따라 결정하는 것보다, 주변에 자라는 야생식물의 변화를 보고 정하는 것이 훨씬 정확하다는 것을 알고 있습니다. 평년보다 봄이 늦게 오거나 빨리 오는 해가 있는데, 늦추위가 올 것을 모르고 씨를 심었다가는 새싹이 얼어 죽을 수 있습니다.

야생식물이 움트고 꽃피는 것을 관찰하여 농사일을 결정하는 것이 더 현명하다는 거지요. 예를 들면 '우리 마을에서는 진달래가 피면 그때 씨를 뿌린다'는 식입니다. 이런 자연의 계절 달력은 '자연의 캘린더'라고 말할 수 있습니다.

자연의 동식물 중에는 이처럼 훌륭한 일기예보관들이 있습니다. 그러나 우리는 아직도 자연의 일기예보 능력과 그들의 신비에 대해 잘 모르고 있습니다.

〈그림 4-5〉 아침에 메꽃이 피지 않으면 비가 내리거나 흐린 날씨가 됩니다.

4장 기상과 천재지변을 예보하는 동물

2. 지진을 예보하는 동물

대규모 지진이 발생하면 큰 피해를 입습니다. 지진을 연구하는 과학자들의 중요한 목적은 지진 발생을 미리 예보할 수 있도록 하는 것입니다. 지진 관측 통계에 따르면 5분마다 1회 비율로, 연간 10만 회 이상 크고 작은 지진이 세계 어디선가 일어나고 있습니다. 현대과학기술도 예보가 불가능한 지진을 동물은 미리 아는 듯한 증거가 있습니다.

지진의 규모는 지역에 따라 다릅니다. 어떤 곳은 지진이 거의 없는 반면에 격심한 지진이 자주 일어나는 곳이 있습니다. 지진이 잦은 곳은 지진대 또는 화산대에 속합니다. 지진과 화산활동은 서로 연관이 있습니다.

지구 표면(지각)은 마치 금이 간 계란껍데기처럼 몇 조각으로 나뉘어 있으며, 각 조각은 서로 밀거나 반대로 떨어져 가거나 합니다. 이것을 '대륙이동'이라 합니다. 지진이나 화산폭발은 대부분 금이 간 대륙이 서로 접촉하는 선을 따라 발생하고 있습니다.

태평양과 접한 미국 캘리포니아주의 해안 지대에는 '샌앤드레이어스 단층'이라는 1,050㎞ 정도 되는 갈라진 곳이 있습니다. 이 단층 지대는 두 대륙이 서로 떨어져 나가고 있는 경계 지대입니다. 반면에 히말라야산맥 지대는 두 대륙이 서로 부딪히고 있는 경계입니다.

지진학자들은 이와 같은 지진 지대에 측정장치를 설치해 두고 지진에 대해 연구를 합니다. 50여 년 전까지만 해도 사람들은 지진을 '인간이 해결할수 없는 자연의 큰 재앙'으로만 생각했지요. 그러나 오늘에 와서는 큰 지진이나 화산 폭발을 어느 정도 예보할 수 있게 되었습니다.

중국의 넓은 대륙에도 지진이 자주 일어나는 지역이 있습니다. 제2차 세계대전이 끝나기 전만 해도 중국엔 지진학자라고는 세 사람뿐이었습니다.

그러나 지금은 수천 명의 지진학자가 있고, 일반인으로 구성된 아마추어 지진관측가가 전국에 수만 명 산재해 있다고 합니다. 일반인 관측가들은 동물들의 이상한 움직임과 지하수의 수위 변화, 지하수의 냄새 등을 조사해서 보고하도록 되어 있답니다.

지진의 징조가 있을 때 지하수의 높이(지하수위)가 변한다는 것이 알려져 있기 때문에, 지하수의 수위 변화를 조사하는 것은 중요한 관측 대상의 하나입니다. 지하수 냄새를 분석하는 것은, 지진 전에 지하수에 이산화황 가스가 평소보다 많이 함유되는 경우가 있기 때문입니다.

■ □ 지진계보다 1천 배 정밀한 곤충의 탐지기관

지진예보에는 지진학자 외에 생물학자들까지 참여하게 되었습니다. 그것은 인간이 만든 관측기보다 동물들이 지진을 더 잘 탐지하고 있다는 증거가 발견되기 때문입니다. 지진측정기에 지진이 기록되기도 전에 바다와 육지의 여러 동물이 이상스러운 반응을 일으킨다는 보고가 수시로 나옵니다.

지진의 징조를 예보하는 동물에 대한 이야기는 사실을 확인하기 어려워 전설처럼 전해지고 있습니다. 지진 직전에 어떤 심해어가 수면까지 올라왔다는 이야기, 많은 가축이 도망갔다거나, 동물원의 동물들이 소란을 피웠다거나, 뱀과 쥐들이 대이동을 했다는 등의 이야기입니다.

어떤 이유로 동물이 이런 행동을 할 수 있는지는 알지 못합니다. 한 가지 생각할 수 있는 것은, 지구 내부의 소리 즉 지진 발생 때 생기는 초음파를 동물들은 미리 들을 수 있을지도 모른다는 생각입니다. 이 가설에는 의문이 따릅니다. 약한 지진이 수없이 일어나고 있는데, 그렇다면 동물들은 수시로 발생하는 작은 지진파를 대규모 지진 전에 일어나는 지진파와 어떻게 구별할 수 있을까 하는 것입니다.

지구의 긴 역사 중에는 지각 변화가 심했던 기간이 수억 년에 이릅니다.

이런 지각변동 시대를 살아오는 동안 동물들은 지진을 예감하는 능력을 진화시켰을지 모릅니다. 만일 심해어라든가 일부 동물들이 지진을 예보할 수 있는 것이 확실하다면, 그들의 예보탐지장치를 연구하여 인공으로 관측장비를 만들 수 없을까요?

지진학자들은 지진이 일어나기 전에 볼 수 있는 다음과 같은 변화를 관찰합니다. 지진이 발생한 장소(진원지)에서 지표면의 기울기가 변하거나 비틀리는 현상, 소규모 지진이 잦아지는 것, 단층 부근에서 일어나는 변화, 지표면의 전도성(電導性) 변화, 지구 자기장의 변화 등입니다. 이 외에 지진 전에 볼 수 있는 우물 수위의 변화나 지하수에 방사성물질인 라돈 함량이 변하는 것도 조사 대상입니다.

오늘날 과학자들이 만든 고감도 지진계는 태양과 달의 조석현상에 의해 일어나는 지극히 미미한 지각변형도 기록할 정도로 예민합니다. 레이저광선을 이용한 지진계는 1,000분의 1㎜의 변화도 탐지할 수 있습니다.

어떤 과학자의 보고에 따르면, 수면에서 헤엄치며 사는 곤충인 물방개붙이는 0.4옹스트롬(1옹스트롬은 1,000,000분의 1㎜)의 파동을 촉각으로 느낄 수 있다고 하며, 여칫과의 어떤 곤충은 수소 원자 지름의 절반 정도로 작은 진동에도 반응을 나타낸다고 합니다. 이토록 민감한 반응은 지구 반대쪽에서 일어난 지진을 느낄 수 있을 정도랍니다. 곤충이 가진 정밀한 파동 측정장치를 모방하여 지진예보장치를 만들 방법이 없을까요?

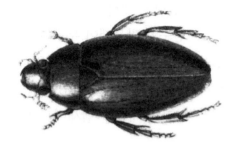

〈그림 4-6〉 물방개는 수면의 진동을 대단히 민감하게 탐지합니다. 그들의 이러한 감각은 멀리 있는 먹이를 찾는 데 편리합니다.

3. 동물들의 놀라운 냄새 감각

후각이란 공기 중 또는 물속에 포함된 화학물질의 분자를 후각신경(코)이 느껴 그것이 무엇인지, 그리고 그 냄새가 어느 방향으로부터 오는지 판단하는 능력입니다. 이런 후각은 사람보다 동물에게 더 발달해 있다는 것은 개만 봐도 알 수 있습니다. 과학자들은 동물의 후각기관을 모방한 냄새 검사 장치를 개발하려고 노력 중입니다.

■ □ 훈련할수록 좋아지는 냄새 감각

동물의 진화과정을 보면, 눈이나 귀와 같은 감각기관보다 후각기관이 훨씬 먼저 생겨났습니다. 땅속이나 수중에 사는 하등동물은 빛이나 소리를 느끼는 눈이나 귀보다 냄새 감각기관이 더 먼저 발달했습니다. 그들에게는 먹이를 찾을 때 후각이 더 편리합니다. 이성을 찾을 때라든가 위험한 적을 빨리 알아차리는 데도 냄새로 판단하는 것이 더 유리했습니다.

동굴 생활을 하던 시대의 인류는 현대인보다 더 후각이 민감했을 것이라고 추측합니다. 일반적으로 사람은 아침과 저녁에 후각이 예민하고 낮에는 둔해집니다. 남자와 비교해 여자가 훨씬 후각이 민감하고, 노인보다는 어린이가 예민하지요. 또 대부분의 사람은 왼쪽 코가 오른쪽보다 더 민감한 것으로 알려져 있습니다.

사람의 후각기관은 냄새를 잘 맡으려고 훈련을 하면 할수록 감각이 더욱 발달합니다. 그러나 청각이나 시각, 미각은 훈련한다고 해서 그 기능이 더 좋아지지 않지요. 헬렌 켈러 여사는 체취를 맡고 친구와 방문객이 누구인지 구별할 수 있었답니다. 이것은 위와 같은 사실을 뒷받침하는 좋은 본보기입니다.

사람 중에는 전혀 냄새를 맡지 못하는 사람도 있습니다. 1,000명 중에 한두 사람 비율로 나타나는데, 그런 사람은 스컹크의 지독한 냄새에도 무감각

〈그림 4-7〉 사람들은 개의 후각을 이용하여 범인을 추적하고, 마약이나 폭약을 찾아내고 있습니다.

합니다. 또 어떤 사람은 특수한 냄새만 맡지 못하는데, 선천적인 백피증(白皮症) 사람에게서 자주 볼 수 있습니다. 유전병이기도 한 백피증 환자는 머리카락이 백발이거나 금발이며, 눈의 홍채(紅彩)와 후각기관에 갈색 색소가 없습니다.

자연계에는 수백만 가지 냄새가 있습니다. 대개의 사람은 그중에서 수천 종의 냄새를 구별할 수 있는데, 특별히 훈련된 사람이라면 수만 가지 냄새를 구분하여 맡을 수 있다고 합니다.

■ □ 포도주, 향수 감정가의 후각

코의 구조를 보면, 후각세포는 비공(鼻孔) 깊숙이 있는 내비공(內鼻孔)에 집중되어 있습니다. 그리고 뇌와 연결된 후각세포는 점액을 분비하는 얇은 막으로 덮여 있습니다. 후각세포가 모여 있는 후상피(鳴上皮)의 면적은 약 5㎠로서 눈의 망막 면적과 비교해 상당히 넓습니다.

인간의 코는 1초의 몇 분의 1이란 짧은 시간에 냄새를 맡아 그것이 무슨 냄새인지 식별합니다. 우리의 코는 훌륭한 화학분석 기계이지요. 만일 담배 연기나 각종 화학물질로 코를 혹사한다면 점점 성능이 나쁜 후각기관이 됩니다.

코의 성능을 다칠까 봐 유난히 조심하는 사람이 있습니다. 그들은 향수 제조가, 술 감정사, 요리사 등입니다. 향수 제조가는 쾌감을 주는 향내를 만드는 예술가입니다. 그들은 민감한 코만 필요한 것이 아니라, 많은 화학 지식과 후각에 대한 뛰어난 기억력이 있어야 합니다.

민감한 후각이 생명인 그들은 감기에 걸리지 않도록 조심하며, 담배와 술은 절대 금지입니다. 자극이 강한 음식도 먹지 않습니다. 향수 제조가뿐만 아니라 술 감정가들도 같습니다. 뛰어난 포도주 감정가는 포도주의 이름과 생산지는 물론이고 그것이 만들어진 해까지 기억한답니다.

음식에서 풍기는 냄새를 맡으면 그것이 썩었다거나 변질됐다거나 아니면 맛있는 음식인지 아닌지 압니다. 아황산가스라든가 기타 독성이 있는 물질의 냄새를 맡으면 곧 강한 거부반응을 일으켜 그 자리를 피하게 됩니다. 무엇이 타는 냄새를 느끼면 즉시 어떤 일이 벌어지고 있는지 짐작할 수 있습니다. 꽃향기라든가, 맛있는 음식 냄새 등에 대한 기억은 지난 일을 떠올리게 하기도 합니다.

■ □ 개와 돼지의 놀라운 후각

개는 사람보다 비교할 수 없을 정도로 후각이 뛰어난 동물입니다. 군대나 경찰에서는 길들인 개를 앞세워 적이나 범인을 추적할 뿐만 아니라, 감추어진 폭탄이나 마약을 찾아내고 있습니다. 이런 일을 돼지에게 맡기기도 합니다. 실제로 돼지는 개보다 더 훌륭한 후각을 갖고 있으며 쉽게 길들일 수도 있습니다. 프랑스에서는 땅 밑에서 자라는 고급요리용 버섯을 찾을 때 돼지를 이용하고 있답니다.

스위스에서는 눈사태로 사람이 눈 속에 파묻혔을 때, 개를 이용합니다. 큰 지진이 발생하여 사람이 건물 아래에 깔렸을 때도 개를 동원하지요.

큰 도시 길바닥 밑에는 가정과 공장 등으로 보내는 수도 파이프, 가스 파이프, 전선, 전화선 등이 거미줄처럼 복잡하게 묻혀 있습니다. 추운 겨울이 오면 수도 파이프가 동파되어 물이 길 밖으로 새어 나오기도 하고, 때로는

4장 기상과 천재지변을 예보하는 동물

가스 파이프가 깨져 가스가 새는 경우도 있습니다. 가스는 누출되더라도 눈에 보이지 않아 새는 곳을 찾기 어렵지요.

겨울이 길고 추운 캐나다에서는 가스관이 새는 곳을 찾을 때 곧잘 개를 이용합니다. 가스 파이프는 지하 5.5m 깊이에 묻혀 있습니다. 사람이라면 도저히 불가능하지만 개는 그런 곳에서 스며 나오는 냄새를 맡아 누출 지점을 찾아냅니다. 땅이 꽁꽁 얼고, 그 위에 눈까지 덮여 있어도 개의 코는 가스가 나오는 곳을 찾아내지요.

마약을 조사하는 경찰은 "개가 없다면 범인이 숨긴 마약이나 폭약을 거의 찾아내지 못할 것이다."라고 말합니다. 여기에는 이유가 있습니다. 만약 범인이 마약을 몸에 감추고 비행기를 탔다면, 그 범인이 이미 내리고 없더라도 그가 앉았던 자리까지 개는 찾아낼 수 있으니까요.

마약범들은 자동차의 타이어나 엔진의 피스톤 속, 혹은 통조림 속에 마약을 숨기기도 합니다. 그래도 개의 후각을 피하기는 어렵습니다. 그뿐만 아니라 마약을 고춧가루나 마늘과 같은 냄새가 지독한 다른 물질 속에 감추어 두어도 개는 그것을 찾아낼 수 있습니다. 개는 뛰어난 기억력까지 가지고 있습니다. 잘 훈련된 경찰견은 범인의 소지품 한 가지에서 맡은 냄새를 기억하고 있다가 수많은 사람 중에서 범인을 골라내기도 하지요.

개의 후각에 대한 조사 결과에 따르면, 보통의 개라도 약 50만 가지의 냄새를 기억하여 구분할 수 있다고 합니다. 개는 공기 1cc 속에 젖산 분자

〈그림 4-8〉 돼지는 개보다 더 민감한 후각을 가진 것으로 알려져 있습니다. 프랑스에서는 가장 비싼 요리 재료로 사용하는 땅 밑에 자라는 버섯을 돼지를 이용하여 찾습니다.

9,000개가 섞여 있으면 그 냄새를 느낀다고 합니다. 공기 1cc에 포함된 분자의 수는 268에 0을 17개로 붙인 수효이므로, 개야말로 어떤 첨단 분석 장치보다 좋은 성능을 가졌다고 하겠습니다. 그것도 개는 극히 짧은 순간에 분석을 끝내지요. 그런데 개보다 더 뛰어난 후각을 가진 동물이 있습니다.

■ □ 곤충은 최고의 후각기관을 자랑

동물의 세계에서는 시각이나 청각 이상으로 후각이 중요한 구실을 합니다. 동물은 살아가기 위해 후각이 무엇보다 필요하지요. 맹수의 후각은 숨어 있는 동물을 찾아내기도 하지만 그것이 어떤 동물인지도 알아냅니다.

수중에서 먹이를 찾는 물고기들도 후각을 이용합니다. 한 예로 완전히 시각을 잃은 잉어는 냄새만으로 먹이를 찾아 먹었다는 실험 보고가 있습니다. 동굴 속에 사는 물고기나 곤충은 눈이 완전히 퇴화했지만, 후각을 이용해서 먹이를 찾고 적을 피합니다. 낚시할 때 미끼에 물고기가 좋아하는 것을 섞을 때도 맛이나 모양보다 냄새가 중요합니다.

후각이 뛰어난 동물을 말할 때 곤충을 빼놓을 수 없습니다. 곤충은 인간이 상상할 수 없을 만큼 뛰어난 냄새 감각과 그에 대한 기억력을 가지고 있습니다. 개미는 그들의 가족을 냄새로 분간합니다. 만일 다른 냄새를 가진 개미 한 마리가 남의 집에 잘못 들어갔다간 금방 물려 죽고 맙니다.

곤충에게는 냄새가 짝짓기 상대를 유인하는 물질이 되기도 합니다. 곤충이 분비하는 냄새물질의 양은 지극히 적습니다. 조사에 의하면, 참나무산누에나방 암컷이 발산한 냄새를 쫓아 5~10km밖에 있던 수컷이 찾아왔다는 보고도 있습니다. 이 경우 암컷에서 분비된 물질이 10km 밖에까지 퍼져나갔다면, 그곳 공기 1cc 중에는 유인물질이 1분자 정도 포함된 셈입니다. 공기 중에는 성유인물질 외에도 수많은 다른 화학물질 분자가 섞여 있습니다. 그 속에서 나방은 자기들 세계만의 성유인물질을 구별해서 그 물질의 농도가 짙은 곳을 추적해 암컷을 찾아가는 것입니다.

4장 기상과 천재지변을 예보하는 동물

〈그림 4-9〉 나방은 가장 후각이 뛰어난 곤충 중 하나입니다. 곤충은 그들이 살아가는 데 꼭 필요한 냄새에 한해서 놀라운 후각을 발휘합니다.

■ □ 곤충은 페로몬으로 이성을 유인

동물의 성유인물질이나 동족 간의 통신수단으로 이용되는 냄새물질을 '페로몬'이라 합니다. 호르몬은 동물 체내에서 생리를 조절하는 물질을 뜻하고, 페로몬은 체외로 분비되어 같은 무리 사이의 통신수단이 되는 물질을 뜻합니다. 페로몬이란 성유인물질, 가족의 냄새, 개미의 길 안내 냄새 등을 모두 포함합니다.

동물의 페로몬은 오래전부터 과학자들의 주의를 끌어왔습니다. 포유동물이 분비하는 냄새 중에 '무스콘'과 '시베톤'은 오래전에 알려진 물질입니다. 포유동물들은 이러한 냄새물질로 자신의 생활 영역(세력권)을 표시하고, 짝짓기 상대를 찾기도 합니다.

사회생활을 하는 말벌, 꿀벌, 흰개미, 개미 등의 곤충이 분비하는 페로몬은 특히 흥미롭습니다. 개미집 근처에서 개미 한 마리를 침으로 건드려보면, 즉시 근처의 다른 개미들까지 흥분합니다. 이것은 위험을 느낀 개미 한 마리가 분비한 '경보 페로몬' 때문입니다.

산야에서 잘못하여 벌에 한 번 쏘이면, 곧 다른 수많은 벌로부터 일제히 공격을 받을 수도 있습니다. 이것은 처음 쏜 벌의 독액에서 나온 냄새가 주변에 있는 동료 벌을 흥분시켜 모두 공격에 참여토록 만들기 때문입니다.

명주실을 제공하는 누에나방의 수컷은 날개가 있어도 잘 날지 못하기 때문에 암컷을 찾아가기가 힘들 것으로 보입니다. 그러나 누에나방이 가진 2개의 깃털처럼 생긴 안테나(촉각)는 암컷 나방이 방출하는 냄새를 민감하게 포착합니다. 조사에 따르면 암컷 나방의 성유인물질 1분자만 촉각에 도달해도 즉시 신경 전류가 흐르고, 그에 따라 수컷 나방은 그쪽을 향해 날아갑니다.

나비들은 나뭇잎이나 줄기에 알을 낳을 때, 주변에 자기의 알이나 새끼를 해칠 적이 될 다른 곤충의 알이 없는지 안테나로 냄새를 확인한 뒤에 산란합니다. 모기는 사람이나 동물을 찾아올 때 촉각으로 탄산가스와 수분이 많이 나오는 곳으로 온다는 것이 알려져 있습니다. 심지어 모기의 촉각은 소리까지 듣는 것으로 밝혀졌습니다. 나비와 벌은 꿀의 향기를 멀리서 촉각으로 찾습니다. 바퀴벌레는 안테나로 물이 있는 곳을 알아냅니다.

■ □ 페로몬을 이용한 해충 제거 농약

농약은 농작물의 생산량을 높이는 공헌을 해왔습니다. 그러나 농약 때문에 사람과 가축이 피해를 보고, 해충을 없애느라 뿌린 농약이 익충까지 죽이는 부작용이 따랐습니다. 더구나 농약에 의한 토양이나 수질오염이 심각해지자, 농약의 부작용을 걱정하게 되었습니다.

과학자들은 인축(人畜)에 피해가 없고, 토양이나 물을 오염시키지 않으며, 목적한 해충만 잡을 수 있는 농약이나 해충 퇴치 방법을 강구하게 되었습니다. 이상적인 농약을 찾는 연구는 여러 가지 방법이 실용 단계에 있습니다.

이상적인 농약에는 3가지가 있습니다. 첫째는 감마선 따위의 방사선을 이용하거나, 특수한 화학약품을 써서 해충을 불임(자손을 갖지 못하는 상태)으로 만드는 것입니다. 예를 들어 해충을 대규모로 사육한 뒤 이들을 불임으로 만들어 산야에 놓아주면, 불임이 된 수컷과 암컷은 교미해도 부화할 수 없는 알을 낳게 됩니다. 따라서 이런 불임 처리를 계속하는 동안 해충은 점점 줄어들 것입니다.

두 번째 농약은 천적을 이용하는 것입니다. 즉 없애야 할 해충을 잡아먹는 새나 다른 곤충 또는 세균을 번식시켜 산포하는 방법이지요.

세 번째 농약은 바로 페로몬을 이용하는 것입니다. 이 방법은 가장 간편하고 효과적일 것입니다. 예를 들어 해충의 성유인물질인 페로몬을 이용하면 해충을 대량 유인하여 제거할 수 있습니다. 성유인물질과 함께 살충제나 화학불임제를 동시에 사용하는 것은 더욱 효과적인 방법이 될 것입니다. 이러한 페로몬 농약은 같은 종류의 해충만 유인하므로 다른 익충에 대해서는 피해를 주지 않으며 익충도 안전합니다.

성유인물질을 사용하지 않고 해충을 유인하는 방법도 연구되고 있습니다. 예를 들어 파리는 썩은 것에서 나오는 암모니아 냄새를 좋아합니다. 이것은 먹이유인제라고 해야겠지요.

4. 동물을 닮은 인공 코의 개발

　과학기술이 고도로 발달했지만, 아직 코만큼 성능이 좋은 화학분석장치는 만들지 못했습니다. 개의 코나, 연어, 또는 개미나 나방의 후각기관과 같은 고감도의 냄새 분석기를 인공적으로 만들 수 있을까요? 만일 그런 인공 후각기(인공코)를 개발한다면 어떤 곳에 이용할 수 있을까요?

　경찰견에 의존하던 범인 추적도 인공 코의 힘을 빌릴 것이며, 공해물질이 극소량만 공기 중에 섞여 있어도 그것을 알아차릴 수 있을 것입니다. 인공 코가 개발된다면 향료공업과 식품공업에서 아주 유용하게 이용될 것입니다. 새로운 향료의 합성, 음식물의 부패 조사, 원료와 제품의 검사, 유독물질, 도시가스 누설 조사 등 할 일이 얼마든지 있습니다.

　그중에서도 사람이 직접 하기 어려운 독가스나 유독물질의 냄새를 인공 코로 맡는다면 편리하겠지요. 오늘날 그러한 인공 코가 조금씩 개발되고 있습니다. 운전자의 숨 속에 포함된 알코올 함량을 조사하는 음주 측정 인공 코가 이용된 지는 오래되었습니다.

　미국에서는 군사용과 경찰용으로 사용하기 위해 뱀장어의 후각기관에 대해 연구 중이라고 합니다. 뱀장어는 길이 50km, 폭 10km, 깊이 7,000m의 거대한 호수에 1g의 알코올이 포함되어 있어도 그것을 느낀다고 합니다. 이런 뱀장어의 후각기관을 모방한 인공 후각기관을 개발한다면, 적의 함정이나 잠수함이 지나가며 남겨 놓은 냄새까지 추적하는 무기를 개발할 수 있다고 합니다.

　폭약이나 폭탄에서 스며 나오는 화학물질의 냄새를 맡아 비행기 납치범을 미연에 찾아낼 수 있는 인공 코가 개발되고 있다는 소문도 있습니다. 또 운전자가 술을 먹었을 때는 자동차의 시동 걸리지 않도록 하는 전자장치를 만들었다고도 합니다. 이것은 숨 속에 포함된 알코올 가스를 인공 코가 확인하여 시동이 걸리지 않도록 하는 것입니다. 이 장치의 성능은 사람 코보다 100배쯤 예민하답니다.

■ □ 인공 코로 환자를 진단한다

대기 중의 아황산가스 함량을 측정하는 전자 코가 거리나 지하철역 등에 설치되어 대기오염 상태를 감시하고 있습니다. 오늘날 여러 가지 인공 코가 개발되어 쓰이고 있습니다만, 이들은 생체모방과학적인 원리에 의한 장치는 아닙니다. 생물을 모방한 인공 코가 아니면 그 구조나 작동 속도, 감도가 떨어지고, 그런 인공 코는 사용 방법이 복잡할뿐더러 제작비용이라든가 사용 경비도 많이 듭니다.

인공 코를 동물의 후각기관만큼 훌륭하게 만들기까지는 많은 연구와 노력이 필요할 것입니다. 그 이유는 동물의 후각기관은 냄새 분자를 포착하는 수용세포, 그 정보를 전달하고 분석하는 신경조직과 뇌 등이 복잡한 관계를 이루고 있기 때문입니다.

현대 의학은 인간의 코에서 일어나는 생리화학적인 현상도 아직 잘 파악하지 못하고 있답니다. 그러므로 동물을 닮은 인공 코를 개발하기 이전에 동물의 코를 직접 이용하는 방법부터 연구할 필요가 있습니다.

어떤 탄광에선 개미를 갱 속으로 가져간답니다. 개미는 갱내 공기 속에 포함된 극미량의 메탄가스를 느끼고, 위험 농도가 되면 특이한 반응을 나타내므로, 개미를 살피면 갱내 가스중독사고를 막을 수 있다는 것입니다.

지난날 어떤 광산에서는 갱 속으로 카나리아를 가져갔습니다. 카나리아는 갱 안에 유독가스가 포함되어 있으면 곧 의식을 잃기 때문입니다. 이럴 때

〈그림 4-10〉 메기는 주로 밤에 활동합니다. 그들의 긴 수염은 어둠 속에서 먹이의 냄새를 맡는 데 이용합니다. 뱀장어도 놀라운 후각을 가지고 있습니다.

실신한 카나리아를 신선한 공기 속에 놓으면 회복된답니다.

연탄가스에 의한 중독사고나 도시가스 누설에 의한 폭발사고를 예방하는 이상적인 방법도 나와야 합니다. 지난날 영국 해군의 잠수함에서는 함 내에 흰쥐를 길렀습니다. 흰쥐는 가솔린 냄새에 민감하여 잠수함 내에 가솔린 가스 농도가 높아지면 찍찍 소리를 내어 위험 상황이라는 것을 미리 경보해 주었기 때문입니다.

개의 후각을 이용해 도시가스 누설 지점을 찾아내기도 합니다. 개를 활용하면 단시간에 찾을 수 있을 뿐만 아니라 경비도 적게 듭니다. 지하 광물 탐사에 개를 이용하는 연구도 이루어지고 있습니다. 개에게 일정한 광물 냄새를 맡도록 훈련한 뒤 그러한 광물의 냄새가 나는 곳을 찾도록 하는 것입니다.

경찰견은 범인의 몸에서 흘러나온 땀 냄새를 찾아갑니다. 조건만 좋으면 개는 하루 전에 남긴 체취도 추적할 수 있습니다. 사람의 체취는 지문과도 같아 사람마다 다른 것으로 알려져 있습니다. 그러므로 인공 코를 개발한다면 범인을 잡기가 훨씬 쉬워집니다. 그렇게 되면 경찰에서는 지문 카드 외에 몸 냄새 카드도 마련해야 하겠지요.

의학자는 인공 코를 환자 진단에 이용할 수 있다고 생각합니다. 사람 몸에 어떤 병이 생기면 체내의 화학적 균형이 깨져 독특한 냄새를 발산하게 되지요. 사람의 코는 예민하게 차이를 구별할 수 없지만, 정밀한 인공 코를 사용한다면 병의 종류는 물론 병의 원인을 밝히는 데도 도움이 될 것입니다.

4장 기상과 천재지변을 예보하는 동물

5. 동물이 자랑하는 눈

어떤 동물이 최고로 밝은 눈을 가졌을까요? 동물의 눈에 관해 관심을 가지고 관찰하면 흥미로운 사실을 발견하게 됩니다. 눈으로 글자를 읽어 문화를 쌓아가는 동물은 인간뿐입니다. 그러면 글을 배울 수 있는 사람의 눈이 최고로 좋을까요? 동물이 가진 눈은 어떤 자랑이 있을까요?

사람은 맨눈 그 자체에 만족하지 못하여, 눈의 능력을 몇 배로 높이는 도구를 만들어 사용하고 있습니다. 안경을 비롯해 수백 배로 물건을 확대해 보는 현미경을 만들었으며, 먼 곳을 보는 망원경, 원자 크기까지 관찰하는 원자현미경까지 개발했습니다. 나아가 적외선을 보는 망원경이라든가, 어두운 밤에도 잘 보이는 야간투시경을 만들었으며, 의사들은 레이저광 내시경으로 사람의 내장 속을 조사하여 진찰하거나 수술까지 하고 있습니다.

사람의 눈은 낮에는 잘 보지만 밤에는 그렇지 못합니다. 그러나 야행성 동물은 야간에도 잘 보는 특별한 눈을 가졌습니다. 어떤 곤충과 개구리는 움직이는 것만 잘 찾아내는 눈을 가졌습니다. 수생동물은 물속에서도 잘 보는 눈을 자랑합니다.

식물에는 눈이 없지만, 동물이라면 하등동물에게까지 눈이 있습니다. 예를 들자면 단세포인 아메바에게는 눈이라고 부를 것이 없지만 빛을 느끼는 능력이 있습니다. 지렁이도 눈이 없지만, 그 피부에 빛을 감지하는 세포가 있어, 밝은 빛을 받으면 땅속으로 기어들어 갑니다.

〈그림 4-11〉 매, 독수리, 올빼미 등의 새는 사람과 비교할 수 없는 놀라운 시력을 가지고 있습니다.

〈그림 4-12〉 가리비는 모양이 부채를 닮아 부채조개라고도 불립니다.

■ □ 가리비의 눈

가리비는 바다 밑바닥에서 살아가는 조개류입니다. 이들은 로켓처럼 물을 뿜어서 이동하는 것으로 유명합니다. 이 가리비의 껍데기를 열면, 가장자리 바로 안쪽에 작은 보석 같은 여러 개의 눈이 2줄로 줄지어 있는 것이 보입니다. 시력은 대단하지 않지만 조개류 가운데서는 가리비의 눈이 가장 훌륭합니다.

■ □ 곤충의 눈

곤충의 눈이라고 하면 파리나 잠자리의 눈을 먼저 떠올리게 됩니다. 곤충의 눈은 수천 개의 작은 낱눈(단안)이 다발로 합쳐져 겹눈(복안)을 이루고 있습니다. 머리 부분을 크게 차지하는 곤충의 눈은 그만큼 그들에게 중요한 존재입니다.

곤충의 눈은 먼 곳에 있는 것을 잘 보지 못하고, 가까이 있는 물체이면서 움직이는 것에 민감합니다. 잠자리를 잡으려고 해보면, 손이 10㎝ 정도 가까이 가도 가만히 있다가 쑥 잡으려는 순간에 도망갑니다.

사람은 뒤쪽이나 옆을 볼 때 고개를 돌려야 합니다. 그러나 머리 꼭대기 거의 전부를 차지하는 잠자리의 눈은 앞뒤 사방을 볼 수 있습니다. 이런 눈은 적을 빨리 발견할 수 있고, 움직이는 먹이를 순간에 잘 포착합니다.

〈사진 4-13〉 고양이는 밤에도 낮에도 잘 보는 훌륭한 눈을 가졌습니다. 세로로 선 검은 동공은 밝은 빛 아래서는 좁아지고 어두운 곳에서는 넓게 펴집니다.

■ □ 물고기와 뱀의 눈

물고기와 뱀의 눈은 눈꺼풀이 없지만 튼튼한 유리 같은 막으로 덮여 있습니다. 눈을 감을 필요가 없는 이러한 눈은 흙먼지가 많은 물속 생활이나 지하 생활에 적합합니다.

■ □ 매와 독수리의 눈

매와 독수리는 동물 가운데 가장 좋은 시력을 가졌습니다. 그들은 300m 밖에 있는 작은 참새를 볼 수 있습니다. 작은 눈이 그토록 좋은 시력을 가졌다는 것은 인간에게는 정말 부러운 일입니다.

■ □ 게와 달팽이의 눈

해변에 가면 작은 게들이 두 눈을 자루 끝에 세우고 다니는 것을 볼 수 있습니다. 그러다가 무언가 접근하면 곧 눈을 감추면서 자기 구멍 속으로 도망갑니다. 게의 눈도 곤충과 비슷한 겹눈입니다. 그리고 눈은 막대 끝에 높이 달려 있어 한꺼번에 사방을 봅니다. 선명한 상은 보지 못하지만 움직이는 것에 대해서는 역시 민감합니다. 썩은 식물을 먹고 사는 달팽이의 눈도 흥미로운 연구 대상입니다.

5장
지혜로운 동물 이야기

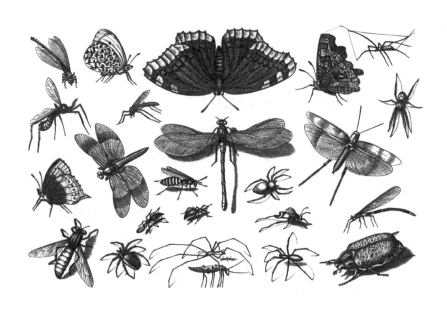

1. 에스키모가 북극곰에게 배운 기술

북극 가까운 곳에서 살아온 에스키모들은 바다사자와 북극곰 그리고 얼음 바다에 사는 물고기를 잡아먹으며 살아왔지요. 에스키모에게는 북극곰의 털로 만든 옷이 가장 따뜻하고 값진 것이었습니다. 그래서 예로부터 북극곰은 최고의 사냥감이었지요. 북극곰은 에스키모에게 식량과 모피만 제공한 것이 아니라, 이글루라는 얼음집 짓는 방법까지 가르쳐 주었습니다.

북극지방은 기온이 너무 낮아 식물은 물론 동물조차 살지 않는 것처럼 보입니다. 사실 그곳에 살 수 있는 식물이란 추위에 강한 이끼 종류뿐입니다. 그런 북극지방에 몇 종류의 동물이 살고 있답니다. 그 가운데 대표적인 동물은 바다사자 무리와 북극곰(흰곰)입니다.

몸무게 670㎏, 키 3m의 거대한 북극곰은 북극의 얼음 대륙을 지배하는 황제입니다. 세계지도를 펴놓고 북극지방을 살펴보면 그 근처는 거의 1년 내내 두꺼운 얼음으로 덮인 얼음 바다라는 것을 알 수 있습니다. 이 북극 바다 주변에는 알래스카, 캐나다, 그린란드, 시베리아 등의 대륙이 둘러싸고 있습니다.

인간이 북극곰의 모피를 탐내 총으로 사냥하기 전까지는 북극곰을 이길 수 있는 동물이 북극지방에는 아무것도 없었지요. 이름 그대로 그들은 새하얀 세계를 지배하는 북극의 황제였습니다. 암컷은 생후 4년째부터 3~4년에 한 차례 1~2마리의 새끼를 낳는데, 일생 7~8마리의 새끼를 가집니다. 어미는 새끼를 잘 보살피기 때문에 새끼를 죽게 만드는 일은 좀처럼 없답니다.

북극에 겨울이 오면 밤이 계속되고 추위가 더 심해집니다. 그러므로 곰은 겨울이 오기 전에 부지런히 사냥하여 겨우내 먹지 않아도 견디도록 몸속에 영양분을 저장합니다. 그들은 주로 바다사자를 잡아먹으며, 영양은 피부밑에 두꺼운 지방층으로 저장합니다. 지방층의 두께는 엉덩이 부분에서 10㎝

5장 지혜로운 동물 이야기

<그림 5-1> 에스키모는 북극곰의 집을 본따 이글루라는 얼음집을 지었습니다.

가 넘습니다. 이렇게 두꺼운 지방층은 북극의 추위를 견디도록 해줄 뿐만 아니라, 먹지 않고도 한겨울을 지내는데 필요한 영양을 공급해 줍니다.

북극곰은 겨울을 지낼 보금자리를 눈 속에 만듭니다. 이때 곰이 만드는 눈굴은 교묘하여 바깥이 아무리 추워도 그 속은 훨씬 따뜻합니다. 그들은 굴을 팔 때, 출입구를 내부보다 조금 낮게 하여 터널처럼 만듭니다. 그렇게 하면 굴속에 녹은 물이 생겨도 고이지 않고 바깥으로 흘러나가고, 출입구가 낮기 때문에 굴속의 따뜻한 공기가 밖으로 잘 빠져나가지 않기 때문입니다.

곰이 이처럼 얼음집을 만들 수 있는 것은 진화를 통해 배운 자연의 지혜입니다. 에스키모들은 '이글루'라는 얼음집을 지을 때 곰의 굴처럼 출입구를 낮게 하여 터널처럼 만듭니다. 이글루의 내부는 바깥이 몹시 추워도 사람이 살기만 하면 섭씨 4도 정도의 온도를 유지합니다.

바다사자는 헤엄치다가 호흡을 하기 위해 수시로 얼음 구멍 밖으로 머리를 내밀지요. 곰은 얼음 구멍을 지키고 있다가, 이때를 기다려 먹이를 덥석 물고 얼음판 위로 끌어냅니다. 300㎏이나 나가는 바다사자도 곰의 힘을 당할 수 없습니다.

북극곰은 사냥감을 찾는 놀라운 감각이 있습니다. 그들이 냄새를 맡는 능력은 사람보다 1백 배 이상 예민하답니다. 그리고 지능도 높아 바닷가에서 잠자는 바다사자에 교묘히 접근하여 잡아먹기도 합니다.

북극곰은 수영 솜씨도 뛰어납니다. 그들은 1시간에 약 10㎞를 헤엄치는데, 곰의 널따란 발바닥은 배의 노 역할을 하지요. 또한 그의 넓은 발바닥은 눈이나 얼음 구멍에 빠지지 않고 다니는 데도 편리합니다.

2. 곤충의 대표 딱정벌레의 자랑

풍뎅이, 하늘소, 무당벌레, 바구미, 물방개, 사슴벌레 등의 곤충을 딱정벌레 또는 '갑충'이라 부릅니다. 이들은 지구상에서 가장 번성하는 곤충의 한 무리입니다. 딱정벌레가 곤충의 왕이 될 수 있었던 것은 여러 가지 훌륭한 생존 기술을 가졌기 때문입니다.

딱정벌레는 다른 동물에 비해 종류가 많아 약 30만 종이나 살고 있습니다. 지구상의 모든 어류(물고기류)와 양서류(개구리 등), 파충류(뱀, 거북류), 조류(새), 그리고 포유류를 전부 합해도 그 종류는 4만 4,000종에 불과하답니다.

우리나라에는 약 8,000종의 딱정벌레가 살고 있어요. 딱정벌레는 그 종류가 많은 만큼 사는 장소도 다양합니다. 숲, 초원, 사막, 높은 산, 개천, 강, 호수, 바다, 지하, 소금 호수, 집의 정원, 부엌과 안방에까지 들어와 살지요.

그들은 다른 동물에서 볼 수 없는 몇 가지 자랑을 가졌습니다. 우선 딱정벌레는 다른 곤충에게 없는 훌륭한 보호장치를 가지고 있습니다. 그들의 등은 가벼우면서 단단한 '딱지날개'로 덮여 있는데, 딱지날개 밑에 얇은 날개를 잘 접은 상태로 감추고 있습니다. 딱지날개는 거북의 등처럼 적의 공격을 막아주고, 건조한 곳에서도 오랫동안 견딜 수 있게 해주는 뛰어난 방어복입니다.

〈그림 5-2〉 딱정벌레는 동물 중에서 가장 많은 종류가 있습니다. 딱정벌레들은 배워야 할 신비를 많이 가지고 있습니다.

딱정벌레들은 자기 몸에서 생산되는 당분과 단백질을 재료로 딱딱한 껍질을 만들어 그것으로 몸을 감싸고 살지요. 그들은 중요한 날개를 바로 그 껍질 아래에 접어 넣고 보호하고 있답니다. 과학자가 호기심을 갖는 것은 그들의 껍질을 인간이 공장에서 제조한 물질과 비교했을 때 그 어떤 것보다 가벼우면서 단단하고, 여간해서 상처를 입지 않는다는 것입니다. 그래서 딱정벌레를 연구하는 과학자들은 이런 꿈을 갖고 있습니다. "만일 딱정벌레 껍질로 비행기 날개와 동체를 만든다면, 대단히 가볍고 단단한 비행기가 될 것이야."

딱정벌레는 식성도 다양합니다. 대부분의 곤충은 액체 상태의 먹이를 좋아합니다. 그러나 딱정벌레들은 튼튼하고 잘생긴 턱과 입으로 깨물고 씹어서 아무거나 먹습니다. 그들은 꽃가루, 곰팡이, 곤충이나 다른 동물의 사체, 나무, 곡식 등 모두 그들의 식량입니다. 그 때문에 많은 종류의 딱정벌레가 사람이 미워하는 반갑지 않은 해충 노릇을 합니다.

어떤 것은 과수나 꽃나무의 뿌리를 갉아 먹어 죽게 만들고, 콩이나 옥수수, 감자, 호박 등을 잘 먹습니다. 어떤 종류는 건포도, 초콜릿, 담배를 먹고, 옷이나 카펫을 갉아 먹는 것, 털과 가죽을 쏠아 먹는 것, 심지어는 전화선 속에 굴을 파는 것도 있습니다.

'살짝수염벌레'라는 딱정벌레는 집의 나무 기둥이나 가구도 갉아 먹는데, 그때는 마치 딱따구리가 나무를 쪼는 것처럼 머리를 부딪치는 소리가 '딱딱' 들립니다. 딱정벌레라고 해서 모두 인간에게 나쁘기만 한 건 아닙니다. 무당벌레는 해충인 진딧물과 깍지벌레를 잡아먹고, 어떤 것은 논밭의 해충인 메뚜기의 알을 먹습니다.

딱정벌레는 다른 곤충과 마찬가지로 변태를 합니다. 즉 알에서 애벌레와 번데기를 거쳐 성충이 되지요. 우리가 굼벵이라고 부르는 것은 바로 딱정벌레의 애벌레입니다. 많은 딱정벌레는 알에서 깨어나 어미가 되기까지 2~3

주일 걸리지만, 사슴벌레와 매미 종류 중에는 5~8년이 지나야 어미가 되는 것도 있습니다.

 딱정벌레 가운데 가장 큰 종류는 아프리카에 사는 골리앗 풍뎅이입니다. 이 풍뎅이는 몸무게가 약 100g이고, 몸길이가 15.5㎝에 이릅니다. 반면에 가장 작은 딱정벌레는 겨우 0.02㎝밖에 되지 않아요. 우리나라에서는 무궁화나무딱정벌레가 가장 작은데, 몸길이가 0.25㎝랍니다.

5장 지혜로운 동물 이야기

3. 바퀴벌레는 중요한 연구 대상

집 안을 돌아다니며 아무 음식에나 달려드는 바퀴벌레는 미움을 받는 곤충입니다. 그러나 바퀴벌레는 어려운 환경에서도 잘 살아가는 놀라운 지혜를 가졌습니다. 그들의 적응기술은 우리가 모방해야 할 또 하나의 중요한 연구 대상입니다.

동물 가운데 사람이 사는 곳에 함께 살기 좋아하는 것이 여러 가지 있습니다. 보기를 들면 가축이 된 동물을 비롯해 쥐 종류 가운데 집쥐, 곤충 가운데 집파리, 모기, 이, 벼룩, 빈대, 바퀴벌레 따위가 그러한 종류입니다. 인간 가까이 사는 이런 동물들은 가축을 제외하고 대개 사람을 괴롭히고 병균을 옮기는 반갑지 않은 것들이지요.

인간을 위협하는 이런 동물을 '위생동물'(곤충은 위생곤충 또는 위생해충)이라 부르며, 과학자들은 그러한 것들을 퇴치할 방법을 늘 연구하고 있습니다. 그러나 이들 위생동물은 생명력이 강해 그동안 사람들이 아무리 노력해도 퇴치에 큰 성과를 얻지 못하고 있습니다.

■ □ 한 쌍이 1년에 40만 마리로

위생곤충 가운데 바퀴벌레는 주택이나 아파트, 사무실 등에 사는 아주 귀찮은 존재입니다. 바퀴벌레는 보통 그냥 '바퀴'라고 부르지만, 지방에 따라 강귀 또는 강구라고 하는 곳도 있습니다. 옛날에는 바퀴가 지금처럼 귀찮은 존재가 아니었답니다. 그들은 주로 부잣집에서만 볼 수 있었거든요. 그래서 부잣집에만 산다고 해서 이 곤충이 살면 행운이 온다고 '돈벌레'라고 부르기도 했답니다.

옛날에 부잣집에 바퀴벌레가 많이 살았던 것은 이유가 있습니다. 부잣집은 1년 내내 바퀴가 얼어 죽지 않을 만큼 실내가 따뜻했기 때문이었습니다. 다시 말해 방 안의 물까지 꽁꽁 어는 추운 집에서는 바퀴가 살기 어렵기 때문입니다. 한국인의 주택이 개선되어 겨우내 집안을 따뜻하게 보온할 수 있게 되면서부터 바퀴들은 거의 대부분의 집이나 사무실에서 겨울을 두려워하지 않고 번성할 수 있게 된 것입니다.

바퀴벌레가 지구상에 나타난 것은 약 3억 2000만 년 전이라고 과학자들은 추측합니다. 바퀴벌레는 다른 곤충에 견주어 세 가지 중요한 자랑을 가지고 있습니다. 첫째는 지구상에 가장 먼저 탄생한 곤충 가운데 하나라는 것이고, 둘째는 지상에 처음 탄생했을 때의 모습이 지금까지 거의 변하지 않고 있다는 것입니다. 이것은 바퀴벌레의 형태가 더 진화할 필요가 없을 정도로 훌륭한 적응 구조로 되어 있음을 말해줍니다. 세 번째는 나쁜 환경 속에서도 바퀴벌레만큼 잘 살아가는 곤충이 없다는 점입니다.

지구상에는 약 5,500종의 바퀴벌레가 삽니다. 그 가운데 우리나라에는 10여 종이 있지요. 집에서 가장 흔히 볼 수 있는 것은 몸길이가 1㎝ 정도 되는 '집바퀴'이고, 그 외에 먹바퀴, 줄바퀴, 이질바퀴 등이 집 가까이 살고 있습니다.

수많은 바퀴벌레 종류 중에 집에서 사는 집바퀴를 빼놓으면 사람과 관계가 있는 것은 거의 없습니다. 집바퀴는 번식력이 놀라워, 좋은 조건이라면 암수 한 쌍이 1년 뒤 최고 40만 마리의 대가족으로 불어날 수 있습니다.

이들은 교미하고 3일이 지나면, 암컷의 복부에 30~40개의 알이든 알집이 생겨납니다. 암컷은 이 알집을 배에 붙인 채 20일쯤 지내다가 몸에서 떼어 놓습니다. 그러면 알집이 찢어지면서 그 속에서 부화한 새끼들이 나오게 되고, 그때부터 새끼들은 스스로 먹이를 먹으며 살아갑니다. 바퀴의 알이 어른벌레가 되기까지는 약 70일 걸리는 것으로 알려져 있습니다. 그러므로 바퀴는 1년에 5번 정도 어미에서 새끼로 세대가 바뀔 수 있습니다.

바퀴벌레를 보면 껍질이 기름을 바른 듯 광택이 납니다. 이 광택은 껍질에 들어 있는 왁스와 기름 성분으로서, 물이 없는 건조한 곳에서 오래 지내더라도 몸속의 물이 바깥으로 빠져나가지 않도록 막아주는 구실을 합니다. 그 덕분에 바퀴벌레는 물이 전혀 없는 곳이라도 1개월 이상 버틸 수 있습니다.

■ □ 바퀴벌레의 뛰어난 감각기관

바퀴벌레는 물을 먹지 않고도 오래 살 뿐만 아니라 먹지 않고도 3개월을 산 기록을 가지고 있습니다. 바퀴벌레는 무엇이든 잘 먹습니다. 쓰레기통에 버려진 음식을 좋아하지만, 먹이가 없으면 종이를 비롯해 나무와 비누까지 먹기도 하지요.

또 바퀴벌레는 강한 방사선을 쬐어도 좀처럼 죽지 않고, 냉장고 속에서 48시간 동안 견딘 기록도 가지고 있습니다. 그들은 본래 따뜻하고 습기가 많은 곳에서 살기를 좋아하지만, 이처럼 강인한 성질 때문에 배나 비행기에 실려 사람이 사는 곳이면 어디나 따라가, 오늘날에는 북극지방의 주택에도 퍼졌습니다.

바퀴벌레는 행동이 매우 민첩합니다. 또 미끄러운 벽을 타고 재빨리 달려갈 수 있습니다. 그리고 그들은 몸이 납작해 1㎜ 정도의 틈새만 있어도 그 사이로 숨어들어 갈 수 있습니다.

바퀴벌레는 대부분 밤에 돌아다니며 먹이를 찾고, 낮에는 구석진 곳에서 숨어 지냅니다. 주택이 아닌 자연 속에 사는 바퀴 종류는 돌 밑이나 나무껍질 사이, 낙엽 아래, 어두운 그늘 등에서 지냅니다.

바퀴벌레는 날개를 가지고 있지만, 잘 날지는 못하고 높은 데서 아래쪽으로 하강할 수 있을 정도입니다. 그 대신 빠른 발과 뛰어난 감각기관을 가지고 있습니다. 그들의 안테나 노릇을 하는 긴 더듬이는 주변의 공기가 조금만 흔들려도 적이 접근한다고 판단하여 도망갑니다.

바퀴벌레의 안테나가 어떻게 그토록 민감하게 공기의 진동을 감지하는지 그 이유를 안다면, 그 원리를 이용하여 사람의 침입을 탐지하는 정교한 방범장치를 개발할 수 있을 것입니다.

그 더듬이는 습도에도 민감하여 축축한 곳을 쉽게 찾아내며, 냄새를 매우 잘 맡는 기능도 가지고 있습니다. 곤충의 안테나가 냄새(화학물질)를 탐지하는 능력은 개나 돼지보다 월등한 것으로 알려져 있습니다. 음식을 잘 찾아내는 바퀴벌레의 촉각이야말로 생체모방과학의 중요한 연구 대상입니다.

바퀴벌레의 머리에는 4개의 작은 턱수염이 있는데, 이것은 먹이를 찾았을 때 그것을 먹어도 좋은지 아닌지 판단하는 감각 기능을 가지고 있습니다. 이 턱수염은 먹이 속에 들어 있는 소금기라든가 당분, 그리고 산성인지 알칼리성 물질인지를 금방 판별하는 화학분석기랍니다.

■ □ 바퀴벌레는 모방할 것이 많은 곤충

바퀴벌레는 다리에도 놀라운 감각기관을 가지고 다닙니다. 바퀴벌레의 다리에 나 있는 털은 주변의 진동을 탐지합니다. 그래서 아무리 발소리를 죽이고 가만히 접근해도 곧 알아차리고 구석으로 도망가지요.

과학자들은 그들이 진동에 얼마나 빠르고 예민하게 반응하는지 조사했습니다. 그 결과 바퀴벌레는 진동 자극을 받은 지 5,400분의 1초 만에 반응을 나타냈답니다. 스포츠 경기에서 이 정도로 빨리 출발 신호를 감지하는 선수가 있다면 매우 유리하겠지요. 또한 바퀴벌레 다리의 털을 닮은 진동탐지기가 있다면, 지진의 예측이라든가, 몰래 접근하는 적이나 도둑을 미리 발견하는 장비로 개발할 수 있을 것입니다.

쓰레기통과 상한 음식을 찾아다니는 바퀴벌레의 발에는 병균이 묻어 사방으로 퍼지고 있는지도 모릅니다. 오늘날 바퀴벌레를 없애느라 쓰는 살충제의 비용이 막대합니다. 그런데다 그들은 살충제에도 잘 죽지 않는 강한 생명력을 가지고 있습니다.

지구상에 탄생한 후 3억 년 이상 살아온 바퀴벌레의 끈질긴 생명력과 그들을 퇴치하려는 인간과의 싸움은 쉽게 끝날 것 같지 않습니다. 바퀴벌레는 우리에게 미운 곤충이지만, 그들의 민감한 냄새, 진동, 소리 등의 감각 기능에 대해 과학자들이 알고 있는 것은 별로 없습니다. 바퀴벌레가 가진 감각 기관의 비밀을 알아낸다면 그들로부터 모방해야 할 것이 많을 것입니다.

4. 가볍고 튼튼한 그물을 만드는 거미

거미라고 하면 다리를 8개 가졌으며, 꽁무니에서 나오는 거미줄로 그물을 쳐서 먹이를 잡는 모습이 떠오릅니다. 거미 가운데에는 현미경으로 봐야 겨우 보일 정도로 작은 것에서부터 몸길이가 12㎝나 되는 '타란툴라'라는 큰 거미까지 있으며, 살아가는 방법 또한 매우 다양합니다.

옛 그리스의 신화 중에는 '아라크네'라는 이름을 가진 여신이 있었습니다. 이 여신은 매혹적인 여인으로 아름다운 옷감을 잘 짜기로 소문이 나 있었습니다. 어느 날 그녀는 '아테네'라는 다른 여신에게 도전하여, 누가 더 아름다운 베를 짜는지 겨루어 보자고 했답니다. 이 말에 화가 난 아테네는 아라크네가 짠 옷감을 모두 찢어 버렸고, 이 때문에 아라크네는 슬퍼한 나머지 목을 매고 죽었습니다.

일이 이렇게 되자 아테네는 죽은 아라크네에게 미안한 마음이 들어, 그녀를 거미가 되게 해주었습니다. 거미가 된 아라크네는 거미줄로 옛날처럼 아름다운 옷감을 짜게 되었답니다.

이 이야기에서 암시를 얻은 과학자들은 거미의 학명을 '아라크니다'라고

〈그림 5-3〉 곤충과 달리 4쌍의 다리를 가진 거미는 배의 끝에 있는 방적돌기에서 거미줄을 내어 먹이를 잡는데 편리한 그물을 칩니다. 거미는 종류에 따라 다른 모양의 거미줄을 칩니다. 굵기로 비교할 때 거미줄만큼 튼튼한 실은 없습니다.

정했습니다. 거미는 징그럽기도 하지만 어디서나 볼 수 있는 벌레이기에 친밀함도 있습니다. 거미 종류는 몹시 추운 곳을 빼고는 뜨거운 열대 사막까지 지구 위 어디에서나 살고 있지요.

어떤 어린이는 거미를 두려워하는데, 거미는 사람을 공격하지 않기 때문에 무서운 존재가 아닙니다. 다만 북아메리카에 사는 검은과부거미는 맹독을 품고 있어서 사람이 물리면 죽는 경우도 있습니다. 우리나라에는 독거미 종류가 살지 않으므로 거미에 대해 공포심을 가지기보다 오히려 잘 보호하고, 관심을 가지고 연구해야 할 필요가 있습니다.

■ □ 거미줄의 자랑과 신비

대부분의 거미는 손수 실을 빚어 만든 그물을 덫으로 써서 먹이를 잡습니다. 거미가 만드는 거미줄의 모습은 종류에 따라 제각각입니다. 가장 흔히 볼 수 있는 거미줄은 수레바퀴처럼 방사형으로 친 멋진 그물이지만, 깔때기 모양, 원통 모양, 공 모양, 얼기설기 엉성한 모양 등등 여러 가지가 있지요. 어떤 종류는 거미줄을 낚싯줄처럼 써서 벌레를 잡기도 하고, 투망으로 고기를 잡듯이 그물을 던져 먹이를 잡는 것도 있습니다.

거미의 꽁무니에서 끝없이 나오는 거미줄은 한 가닥처럼 보입니다. 그러나 거미줄이 나오는 곳을 확대경으로 보면 가느다란 거미줄이 수백 가닥 나와, 이들이 서로 꼬여 한 가닥으로 된다는 것을 알게 됩니다. 거미의 꽁무니에는 거미줄을 내는 여러 개의 돌기와 무수히 많은 토사관이 있습니다.

거미줄은 거미 몸속에 있는 거미줄 샘이라는 기관에서 분비되는 '파이브로인'이라는 액체가 몸 밖으로 나오는 순간 굳어서 끈끈한 실이 된 것입니다. 거미는 굵은 줄, 가는 줄, 끈끈한 줄, 전혀 끈기가 없는 줄 등 필요에 따라 성질이 다른 여러 가지 줄을 만들어 내지요.

거미줄은 아주 약해 보입니다. 그러나 사실은 누에의 명주실보다 더 가늘고 더 질긴 것이 거미줄입니다. 끈끈한 거미줄에 붙어버린 벌레는 마구 버둥거려도 떨어져 나오기 어렵습니다. 거미가 자신의 거미줄에 붙지 않는 것은 발과 몸에 기름 성분이 발라져 있기 때문이란 것도 알아둘 필요가 있습니다.

거미들은 새끼라도 거미줄을 잘 뽑아냅니다. 집의 모양이나 뼈대도 어른 거미가 만든 것과 다르지 않고 단지 크기만 작을 뿐입니다. 거의 모든 거미는 이렇게 거미집을 치지만, 늑대거미라는 종류는 일생 집을 만들지 않고 삽니다. 이들은 먹이를 찾아 돌아다니다가, 먹이가 보이면 갑자기 달려들어 단숨에 잡아먹지요. 어떤 종류는 꽃이나 나뭇잎에 숨어 있다가 다가온 먹이를 공격하기도 합니다.

■ □ 거미가 먹이를 먹는 방법

거미는 덫에 걸린 먹이를 직접 씹어 먹거나 체액을 바로 빨아먹지 않습니다. 거미에게는 벌레를 죽일 수 있는 독을 가진 한 쌍의 이빨이 있어, 먹이가 걸려들면 독이빨로 물어서 죽이거나 마비시킵니다. 그들은 이빨로 씹어먹을 수 없으므로 먹이의 몸속에 소화액을 넣어 먹이의 몸이 액체가 되도록 합니다. 얼마쯤 시간이 지난 다음, 거미는 액체로 바뀐 먹이의 체액을 빨아먹지요. 거미는 잡은 먹이를 거미줄로 칭칭 감아두는데, 이것은 소화액을 넣어 두고 나중에 먹으려고 비축해 둔 것입니다.

거미는 대식가랍니다. 대부분의 경우 거미줄에는 수없이 많은 벌레가 걸려들어, 혼자서는 도저히 다 먹을 수 없을 만큼 많은 양이 잡히고 있습니다. 거미는 수명이 보통 1~2년인데 20년 가까이 사는 종류도 있습니다.

거미는 해충을 없애주는 고마운 존재인데, 거미가 실제로 인간에게 얼마나 도움을 주는지 자세히 조사된 연구는 보기 어렵습니다. 우리나라의 집이나 논밭 등에 얼마나 많은 거미가 살고 있으며, 그들이 어느 정도 해충을 퇴치하고 있는지 조사해 본다면 좋은 연구 보고서를 만들 수 있다고 생각합니다. 유감스럽게도 농약을 많이 쓰는 오늘날에는 거미까지 희생되고 있습니다.

5장 지혜로운 동물 이야기

■ □ 그물 없이 먹이를 잡는 거미들

 대부분의 거미 종류는 정원이나 들판, 숲속과 같은 야외에서 먹이가 지나다닐만한 공중에 거미줄을 쳐두고 거기에 걸려든 먹이를 잡아먹으며 살아갑니다. 그러나 그물을 만들지 않고 직접 사냥을 하거나, 함정을 파두었다가 멋모르고 끌려든 먹이를 잡는 종류도 있습니다.

 지구상에 사는 거미는 3만 종을 넘습니다. 우리나라에만 해도 약 600종이 조사되었으며, 지금도 수시로 신종이 발견됩니다. 거미 종류가 이처럼 다양한 만큼 거미에 대한 신비로운 이야기도 많습니다. 거미 연구가 중에는 뉴질랜드 대학의 로버트 잭슨 교수처럼, 일생 한 종류의 거미(깡충거미)만 선택해서 연구한 사람도 있습니다.

 거미 중에 땅굴을 파고 그 안에 숨어 사는 종류를 함정거미라고 부릅니다. 함정거미는 땅속에 튜브처럼 생긴 굴을 만들고, 굴 벽을 끈끈한 거미줄로 도배를 합니다. 그리고 밖으로 열린 구멍 입구에는 거미줄에 흙을 교묘히 붙여 문을 만듭니다.

 이런 작업이 끝나면 함정거미는 문을 반쯤 열어두고 굴속에 숨어, 지나가는 벌레가 멋모르고 기어들기를 기다립니다. 함정거미가 판 굴은 자연스러워 벌레들은 의심 없이 잘 들어갑니다. 이때를 기다리다 달려든 거미는 독이빨로 먹이를 물어 마비시킵니다. 먹이를 움켜쥔 거미는 다른 침입자가 방해하지 않도록 문을 닫아 두고 식사를 시작합니다.

■ □ 점프를 잘하는 깡충거미

 거미 무리 가운데 그 종류도 많고 생김새와 사는 방법이 특이한 것이 깡충거미(영어로 점핑 스파이더) 종류입니다. 지구상에는 400여 종의 깡충거미가 사는데, 이들은 점프를 잘하므로 이런 이름을 갖게 되었습니다.

깡충거미는 먹이를 발견하면 살금살금 접근해, 4~5㎝ 떨어진 곳에서 한 순간 점프하여 먹이를 잡습니다. 그들은 사냥감을 독이빨로 깨물어 몸속에 독액을 넣습니다. 거미의 독액은 소화액이어서 잡은 먹이의 몸 내부 조직을 녹여 버립니다.

깡충거미는 모두 3~8㎜ 정도로 크기가 작습니다. 피디푸스깡충거미는 길이가 5㎜ 정도인데, 2.5㎝ 떨어진 나뭇가지 사이를 훌쩍 건너갑니다. 만일 바위를 오르는 등산가가 자기의 키보다 5배나 먼 공간을 건너뛸 수 있다면, 그야말로 날렵한 스파이더맨(거미 인간)이 될 것입니다.

깡충거미는 뛸 때 뒤쪽 네 다리를 강력한 힘으로 뻗습니다. 깡충거미는 점프할 때 거미줄을 뻗으며 뛰어오릅니다. 혹시 힘이 모자라 건너지 못하고 공중에서 떨어지더라도 튼튼한 로프가 몸을 지탱해 줍니다. 실처럼 가느다란 거미 다리가 순간적으로 강력한 힘을 내는 방법은 우리가 배워야 할 기술이기도 합니다.

거미줄은 그 굵기로 비교할 때, 나일론 실보다 질기고 가장 강하다는 강철선이나 탄소섬유보다 더 강력합니다. 미국 듀퐁사는 거미줄을 닮은 인공섬유를 개발했다고 발표했습니다. 듀퐁사는 나일론을 발명하여 섬유에 혁명을 일으킨 세계적인 화학회사입니다.

■ □ 시력이 뛰어난 거미의 여덟 개 눈

깡충거미처럼 먹이를 급습하여 사냥하려면, 목표를 순간에 정확히 공격하도록 시력이 발달해야 합니다. 거미의 눈을 보면 두 개가 아닌 여덟 개가 붙어 있어 외계에서 온 어떤 괴물처럼 보입니다. 특히 깡충거미의 커다란 눈은 더욱 기괴하게 느껴집니다.

거미 머리 정면 중앙에는 눈으로서 가장 중요한 역할을 하는 대형 눈이 두 개 있습니다. 이 두 눈은 마치 쌍안경처럼 느껴지며, 눈동자를 사방으로 굴

5장 지혜로운 동물 이야기

려 이곳저곳을 봅니다. 이때 두 눈은 한 곳에 초점을 맞추기도 하고, 두 눈이 각기 다른 쪽을 볼 수도 있습니다.

중앙의 커다란 눈 좌우 옆에는 옆눈(측눈)이 각각 한 개씩 두 개가 있습니다. 이 측눈은 움직이는 것에 민감하게 반응합니다. 또 측눈 뒤편 좌우에는 좀 더 작은 눈이 두 개씩 있습니다. 거미는 이렇게 여덟 개의 눈으로 사방을 동시에 경계하며 살핍니다. 거미의 눈은 녹색에 특히 민감하고, 자외선을 보는 능력도 있다고 합니다.

무엇이든 움직이는 것이면 공격하는 깡충거미지만, 자기보다 몸집이 작은 조그마한 청개구리에게는 절대 덤비지 않고 그냥 바라보기만 합니다. 그들이 왜 청개구리에게는 무관심한지 그 이유는 모르고 있습니다.

5. 사회생활을 하는 지능 높은 개미

지구상에는 1만 5,000종의 개미가 살고 있답니다. 이렇게 많은 종류의 개미들이 지능적으로 조직적인 사회생활을 할 수 있는 이유는, 다른 곤충과 달리 개미에게 훌륭한 신경기관이 있기 때문이라고 생각됩니다.

19세기 말의 일입니다. 영국의 한 과학자가 지중해를 여행하다가 이상한 개미 종류를 발견했습니다. 그 개미들의 집 가까이에는 평소 볼 수 없는 풀들이 무성히 자라고 있었고, 개미들은 그 풀의 열매를 집안으로 끌고 들어가 저장하고 있었습니다. 그 모습은 분명히 개미가 농사를 지어 그것을 수확하고 저장하는 것으로 보였습니다.

그 과학자는 이 개미에게 '수확개미'라는 이름을 붙였고, 수확개미는 곧 세계적으로 유명해졌습니다. 그러나 수확개미가 농작물을 재배한다는 것은 잘못된 관찰이었습니다. 수확개미가 사는 지중해 근처는 날씨가 늘 건조해서 먹이가 귀하고 생존경쟁이 심한 곳입니다. 그러한 환경 속에서 씨앗을 주로 먹는 수확개미들은 언제나 부지런히 씨앗을 물어다 집에 저장합니다. 그러다 저축된 씨앗 중에 싹트는 것이 생기면, 개미들은 그것을 먹을 수 없으므로 집 바깥에 내다 버립니다.

이런 씨앗 가운데 어떤 것은 버려진 그 자리에 뿌리를 내리고 자라게 됩니다. 그렇게 되면 개미들은 멀리 가지 않고도 손쉽게 식량을 구하게 되지요. 수확개미가 과학자의 눈에 농작물을 재배하는 것처럼 보인 것은 바로 이러한 모습을 우연히 보고 그렇게 판단했기 때문입니다.

5장 지혜로운 동물 이야기

■ □ 개미에게 지능이 있다는 증거

곤충도 지능을 가지고 있을까요? 이것은 대답하기 어려운 질문입니다. 곤충은 지능을 가지고 있다기보다는 본능적으로 살아간다고 생각됩니다. 그 보기를 들면, 창유리에 붙어서 밖으로 날아가려고 애쓰는 파리가 아래 창문이 열려 있는데도 닫혀 있는 위쪽 창문에서만 나갈 곳을 찾으려 하니까요.

'지능이 있다'라고 말할 수 있으려면, 첫째로 배우는 능력 곧 학습 능력이 있어야 하고, 둘째로 기억하는 능력이 있어야 합니다. 과학자들은 개미가 과연 학습 능력과 기억 능력을 가지고 있는지 여러 가지로 실험해 보았습니다. 먼저 길을 찾기 어렵게 만든 '미로' 속에 개미를 넣고 먹이를 찾게 해보았습니다. 그 결과 다른 곤충이라면 절대로 할 수 없는 어려운 길을 아주 빨리 알아냈고, 그 길을 기억하는 능력을 보여주었습니다.

또 개미들은 먹이가 있는 곳까지 가는 길에 비가 온다든가 기타 다른 이유로 길이 막혀 있으면 다른 길을 찾아내는 능력도 보여주었습니다. 개미는 종류에 따라 어떤 것은 훨씬 지능이 높지만 그렇지 못한 종류도 있답니다.

개미들이 먹이를 찾고 굴을 파는 모습을 살펴보면, 개미들은 동료들끼리 서로 촉각(觸角, 절지동물의 머리 부분에 있는 감각 기관)으로 가볍게 터치하거나 때로는 입에서 입으로 작은 액체 방울을 건네는 것을 볼 수 있습니다. 또 개미굴 안에서 지내는 개미들은 입으로 알과 애벌레를 핥아 주거나 여왕의 시중을 듭니다.

개미들은 냄새로 동료를 분간하며 집과 먹이가 있는 곳을 찾아갑니다. 개미들이 서로 촉각을 비비고, 핥고, 먹이를 주고받는 것은 서로의 정보를 알리는 방법이라고 추측하고 있습니다. 이런 여러 가지 개미의 행동을 볼 때, 개미는 다른 여러 곤충 가운데 신경 구조가 매우 발달한 곤충임을 알 수 있습니다.

■ □ 곰팡이를 재배하는 가위개미

　앞에서 수확개미 이야기를 했는데, 개미 가운데는 실제로 농작물을 재배하는 것이 있습니다. 아메리카 대륙에는 농사개미가 100여 종이나 살고 있습니다. 그들이 재배하는 것은 어떤 식물이 아니라 곰팡이입니다. 곰팡이를 재배하여 먹이로 삼는 개미를 서양인들은 '잎을 자르는 개미(Leaf Cutter, 우리말 이름은 가위개미)'라고 이름을 지었답니다.

　이 개미는 줄을 지어 잎이 무성한 나무를 찾아갑니다. 먼저 도착한 개미들은 나무에 올라가 날카로운 이빨로 잎을 작게 잘라 나무 아래로 떨어뜨립니다. 다른 개미들은 그 잎을 물고 갈 수 있을 만한 크기로 잘라, 줄을 지어 집으로 운반합니다. 커다란 잎을 물고 행진하는 가위개미의 행동을 관찰하던 개미 과학자 핸리 맥쿠크 신부는 이렇게 말했습니다.

"우리 교회 어린이들이 깃발을 들고 행진하는 모습 같습니다."

　남아메리카의 어떤 가위개미는 하룻밤 사이에 커다란 나무의 잎을 남김없이 따버리기도 합니다. 그래서 해충으로 취급되기도 한답니다. 그런데 이 개미들은 나뭇잎을 굴로 가져와 그대로 먹는 것이 아니라, 이빨로 잘게 씹어서 스펀지처럼 부드럽게 만든 다음, 그것을 굴속에 차곡차곡 쌓아 놓습니다. 개미 굴 안은 더운데다가 습도까지 높기 때문에 저장해둔 잎에는 곧 실 같은 곰팡이가 가득 자라게 됩니다.

　나뭇잎은 섬유질로 되어 있어 개미가 먹어도 직접 소화하지 못합니다. 그러나 섬유질을 분해하여 자란 곰팡이는 개미가 먹을 수 있습니다. 흥미로운 사실은 개미굴에 아무 곰팡이나 자라는 것이 아니라 반드시 일정한 종류만 자란다는 점입니다. 그 이유는 개미가 잎을 이빨로 씹을 때 섞여 들어간 침이 다른 잡균은 자라지 못하게 하기 때문이라고 생각하고 있습니다.

가위개미 집에는 곰팡이 재배만 도맡아 하는 더 작은 일개미가 있습니다. 또 새끼만 전문으로 키우는 작은 개미가 있어, 이들은 곰팡이가 많은 곳으로 애벌레를 물고 가서 그것을 먹게 합니다. 바깥에서 잎을 운반해 오는 일은 모두 커다란 일개미가 합니다. 또 개미 가족 중에는 몸집이 큰 병정개미가 따로 있습니다. 그들은 집 앞을 지키거나 먹이를 운반해 오는 길을 지키며 적이 가까이 다가오지 못하게 하지요.

 이렇게 놀라운 분업 사회생활을 하는 가위개미는 어쩌면 개미 가운데 가장 영리한 종류라고 할 수 있습니다. 그들은 땅속 집에서 키운 곰팡이를 먹으면 되기 때문에 다른 동물들과 먹이다툼을 하지 않아도 되고, 먹이의 원료인 나뭇잎은 구하기 쉬운 식량자원이기도 합니다. 가위개미의 침에 섞인 물질은 무엇이기에 필요한 곰팡이만 자라게 할 수 있을까요? 개미는 종류마다 우리가 모르는 독특한 자랑과 신비를 가지고 있습니다.

6. 상어의 신비로운 몸과 감각기관

유선형으로 생긴 상어는 물고기 중에서 힘이 세고 수영을 잘하기로 유명합니다. 상어가 헤엄을 빨리 칠 수 있는 것은 마치 초승달처럼 생긴 강력한 꼬리와 수중에서 물의 저항을 적게 받도록 설계된 피부와 특수한 비늘에 있습니다.

■ □ 상어의 몸에는 암이 생기지 않는다

상어는 신비로운 점이 많은 물고기입니다. 상어는 손바닥에 올려놓을 정도로 작은 '담배상어'에서부터 길이가 18m에 이르는 '고래상어'(새우 따위를 먹는 아주 순한 종류임)까지 약 350종이 바다와 강에 살고 있습니다.

상어는 날카로운 삼각형 이빨을 자랑합니다. 상어의 이빨은 병사들처럼 줄을 지어 있어, 앞니가 부러지거나 하면 뒤에 있던 이빨이 앞으로 나오고, 다시 그 뒤에 새 이빨이 계속 생겨납니다. 사람 이빨도 상어처럼 새것이 계속 자라날 수 있으면 좋겠습니다.

사람을 위협하는 상어는 10여 종 있습니다. 그중 가장 악명 높은 상어는 '백상아리' 또는 '백상어'라 부르는 것입니다. 백상아리는 최대 몸길이 11m, 무게는 3t에 이릅니다. 이 상어는 냄새를 맡는 후각이 발달하여

〈그림 5-4〉 잠수함은 상어와 많이 닮았습니다. 과학자들은 상어가 수중에서 고속으로 달리는 이유를 연구하여, 선박이나 잠수함이 더 빨리 항해할 방법을 모방하려 합니다.

〈그림 5-5〉 줄지어 선 상어의 이빨. 앞쪽 이빨이 상하면 뒤쪽 이빨이 앞으로 나옵니다.

400m 밖에 있는 먹이를 냄새로 찾아낼 수 있습니다.

물고기의 몸통 양쪽에 한 줄로 길게 뻗은 선을 '측선'이라 하는데, 이것은 물고기의 감각기관입니다. 상어의 측선은 소리에 예민하여 물고기나 다른 먹이가 헤엄치는 진동(음파)을 듣고 그 위치와 거리를 판단한 뒤 공격합니다. 우리는 물고기의 측선에 있는 감각기관에 대해 모르는 것이 너무 많습니다.

상어의 몸에서는 이상스럽게 암이 발견되지 않습니다. 과학자들은 상어의 몸에 왜 암 조직이 생겨나지 않는지, 어떤 특별한 물질이 있기에 암을 억제하는지 연구하고 있습니다. 만일 과학자들이 상어의 몸에서 암 억제물질을 찾아내 그것을 암의 치료나 예방에 이용할 수 있게 된다면, 상어야말로 인간에게 은혜로운 동물이 될 것입니다.

상어의 피부로 만든 가죽은 카우보이를 위한 고급 장화의 재료가 되며, 상어의 간에서 뽑아낸 기름은 치질 환자의 통증을 가볍게 하는 약으로 쓰이기도 합니다.

상어는 다른 물고기와 달리 한 번에 많은 알을 낳지 않습니다. 상어는 몇 개의 알을 몸속에서 수정한(체내수정) 다음, 그 알을 몸 안의 '새끼주머니' 속에서 길러 새끼 상태로 낳습니다. 이런 습성을 '난태생'이라 하지요. 난태생 방법은 물속에 그냥 알을 낳을 때보다 생존율을 훨씬 높게 합니다.

■ □ 상어에겐 인간이 두렵다

〈죠스〉라는 영화를 본 사람은 상어야말로 이 세상에서 사라졌으면 하는 공포의 동물로 생각합니다. 그러나 사람이 상어에게 물려 죽을 가능성은 1년 동안 3억 명 중 1명에 불과합니다. 반면에 벼락에 희생될 확률은 2백만 명 중 1명, 비행기 추락사고를 당할 확률은 1천만 명에 1명입니다. 이런 사실을 생각하면 상어를 두려워해야 할 이유는 거의 없다고 할 수 있습니다.

사실을 말하면 상어가 인간을 두려워해야 할 것입니다. 왜냐하면 사람이 해마다 온갖 방법으로 상어를 1억 마리 이상 잡기 때문입니다. 큰 고기를 잡기 좋아하는 스포츠 낚시꾼에게는 크고 힘센 상어가 가장 인기 있는 낚시 대상입니다.

상어의 살코기는 여러 종류의 요리가 됩니다. 특히 상어 지느러미로 만든 수프('샥스핀'이라는 요리)는 중국의 고급요리입니다. 홍콩의 상인들이 1년에 사들이는 상어 지느러미의 양은 3천t이나 된다고 알려져 있습니다. 날카로운 이빨이 줄지어 선 거대한 백상아리의 턱 골격표본도 비싼 상품입니다.

상어는 종종 아무것도 먹지 않고 3개월 동안 살기도 합니다. 동면하지도 않으면서 이토록 먹지 않고 견딜 수 있다는 것은 상어의 신비스러운 생리기능입니다.

그들은 지구의 약한 자기장을 민감하게 느끼는 능력도 가지고 있습니다. 과학자들은 상어가 지구의 자력을 감지하여 여행할 길을 알아내고 있는 것으로 판단하고 있습니다.

상어는 무리를 지어 먹이를 공격하는데, 그러더라도 동료끼리 먹이를 다투거나, 자기 힘을 과시하기 위해 서로 싸우는 일 없이 아주 평화롭게 살아갑니다. 과학자들은 백상아리를 비롯한 다른 많은 종류의 상어가 인간의 무분별한 사냥으로 줄어들고 있는 것을 염려하여, 이들이 지상에서 사라지지 않도록 보호할 방법을 찾고 있습니다('6-9. 잠수함의 모습은 상어를 닮았다' 참조).

5장 지혜로운 동물 이야기

7. 독화살의 독을 내는 독개구리

남아메리카의 정글에 사는 몇 가지 작은 개구리의 피부에서는 세상의 어떤 독약보다 강력한 독액이 나옵니다. 그러한 독은 초강력 마취제 역할도 한답니다.

아마존강 주변의 브라질, 콜롬비아, 에콰도르, 베네수엘라 등지의 밀림에서는 아직도 일부 원주민들이 옛 방식대로 원시적인 생활을 하면서 살아갑니다. 그들 중에는 긴 대롱 속에 작은 독화살을 넣고 입 바람을 훅 불어 동물을 잡는 인디언 사냥꾼이 있습니다. 인디언이 쓰는 이 사냥 장비를 바람총(블로 건)이라 부릅니다. 바람총의 화살 끝에는 독액이 묻어 있어, 화살을 맞은 짐승은 그 자리에 쓰러져 죽습니다.

인디언들은 길고 가느다란 야자나무 줄기를 두 쪽으로 갈라 속을 파내어 홈통을 만들고, 이를 서로 붙여 긴 바람총을 만듭니다. 화살은 단단한 나뭇가지로 만들고, 잘 날도록 화살 뒤쪽에 깃털을 붙입니다. 깃털은 카폭나무 씨에서 뜯어낸 솜이랍니다.

바람총 화살에 바르는 독은 숲에 사는 작은 개구리의 피부에서 뽑아낸 것

〈그림 5-6〉 독개구리의 피부에서 뽑아낸 체액에는 강력한 마취제가 포함되어 있는 것이 발견되었습니다. 이 마취제는 다른 약에는 마취되지 않는 사람에게 사용합니다.

입니다. 인디언들이 언제부터 개구리의 피부에서 나오는 독을 사냥에 이용하게 되었는지는 알지 못합니다. 그 독은 어찌나 강한지 맨손으로 만져서는 안 됩니다. 만일 상처난 피부에 묻는다면 생명이 위험하니까요.

■ □ 마약보다 200배 강한 진통효과

과학자들의 조사에 의하면, 이 지역에 사는 개구리 종류는 모두 135종인데 그 가운데 55종이 독개구리였으며, 그중에서도 맹독을 내는 것은 3종류뿐이었습니다. 독개구리들은 종류에 따라 크기가 1.5㎝인 것에서부터 최대 8㎝까지 다양합니다. 이들의 대표적인 특징은 피부가 푸르스름한 형광색을 띠고 있으며, 독특한 냄새를 가지고 있다는 것입니다.

'에피테도바테스 트리콜라'라는 흰 줄무늬를 가진 갈색 개구리는 3가지 맹독 개구리 중의 하나입니다. 이 개구리의 피부에서는 마약인 모르핀보다 200배나 강한 에피바티디엔이라 부르는 화학물질이 발견되었습니다. 모르핀은 수술할 때나 상처가 심한 환자가 고통을 견디지 못할 때, 아픔을 일정 시간 동안 잊게 하는 약으로 쓰고 있습니다('8-2. 선과 악의 두 얼굴을 가진 양귀비' 참조).

이 개구리의 독액이 진통효과가 크다는 사실이 알려지자, 이 약품은 병원에서 중요한 의약으로 쓰이게 되었습니다. 사람 중에는 선천적으로 모르핀을 주사해도 진통효과가 없는 특별한 경우가 드물게 있습니다. 이런 사람이 수술 환자가 되면 부득이 하게 아픔을 참고 수술을 받아야 하지요. 그러나 그런 환자에게도 개구리의 독액은 진통효과를 나타냅니다.

만일 새나 뱀 또는 다른 짐승이 이런 독개구리를 잡아먹었다가는 자신이 죽고 맙니다. 그래서 이곳 정글의 동물들은 독개구리의 형광을 보거나 냄새만 맡아도 "저건 먹으면 안 돼!"하고 피한답니다.

■ □ 독성분은 심장 발작 치료제

과학자들은 그들의 독액 속에 어떤 화학물질이 포함되어 있는지 조사했습니다. '덴드로바테스 아우라투스'라는 개구리의 독액에서는 300여 가지의 알카로이드라고 부르는 물질이 발견되었습니다. 그중에는 다른 동물을 죽일 수 있는 독소와 코카인이나 모르핀과 같은 진통 효과를 가진 성분, 그리고 심장이 갑자기 멎어 죽게 된 환자의 심장을 자극하여 소생시킬 수 있는 물질도 들어 있는 것이 발견되었습니다.

개구리를 연구하기 위해 매번 정글에 갈 수 없는 과학자들은 독개구리를 채집하여 테라리움(동물을 키우는 온실 같은 시설)에 넣어 두고 사육했습니다. 그런데 웬일인지 인공으로 키운 개구리의 피부에서는 전혀 독액이 나오지 않았습니다. 원인을 조사한 결과, 야생 상태에서 개구리들이 잡아먹던 벌레를 먹지 못했기 때문이었습니다.

개구리의 독액은 다른 동물이나 인체에 어떤 영향을 줄까요? 그 물질은 근육을 순식간에 마비시키는 작용을 하여, 체내에 독이 들어오면 즉시 심장 근육이 움직일 수 없게 되는 것이었습니다. 인체에 이보다 더 치명적인 작용은 없습니다. 그러므로 독화살로 잡은 짐승을 요리해 먹는 것은 위험한 것으로 알려져 있습니다.

■ □ 나뭇잎이 독개구리의 삶터

독개구리들은 나무에서 살기 때문에 나뭇잎에 고인 물에 알을 낳습니다. 한번에 2~16개를 산란하는데, 알이 부화되어 올챙이가 되면 그대로 두지 않고 한 마리씩 등에 업어 각기 다른 장소에 옮겨 놓습니다. 한 자리에 모두 있으면 물과 먹이가 부족하고, 또 적을 만나면 몰사할 수 있기 때문입니다. 이 개구리는 일반 개구리와는 달리 물갈퀴가 발달되지 못하고, 그 대신 나무를 잘 타도록 발 모양이 진화되었습니다. 이렇게 해서 각기 흩어놓은 올챙이는 수컷이 지키며 보호한답니다.

　나뭇잎에 고인 작은 우물에서 올챙이는 무얼 먹고 자랄까요? 신기하게도 암컷은 올챙이가 있는 우물을 2~3일에 한 번씩 찾아와 수정되지 않은 알을 몇 개 씩 낳아두고 간답니다. 이 수정란은 올챙이가 되지 않으므로, 올챙이의 영양 많은 식량이 됩니다.

　독개구리의 올챙이에게는 독이 없습니다. 그러므로 다른 동물의 먹이가 될 수 있습니다. 흥미롭게도 이 독개구리의 올챙이만 찾아 잡아먹는 동물이 있습니다. 그것은 나무에서 사는 '게'입니다.

　"많으면 독이 되고, 적으면 약이 된다."라는 속담이 개구리의 독액에도 적용되는 것입니다. 현재 과학자들은 개구리의 독성분을 의학적으로 이용하는 여러 가지 방법을 연구하고 있습니다.

6장
최고의 비행사와 항해사가 된 동물

1. 새들에게 배워야 할 비행기술

사람들은 새처럼 하늘을 자유롭게 훨훨 날 수 있기를 바랐습니다. 결국 인간은 비행기뿐만 아니라 우주선까지 만드는데 성공하여, 새보다 빨리 날 수도 있고 더 멀리 비행할 수도 있게 되었습니다. 그러나 인간의 비행기술은 여러 면에서 비행동물이 가진 첨단기술을 따르지 못합니다.

어떻게 하면 새처럼 하늘을 날 수 있을까 하고 궁리하던 사람들은 처음에는 모두 새의 모습과 나는 상태를 관찰하여 그들을 흉내 내려고 했습니다. 그래서 커다란 날개를 만들어 어깨에 달고 높은 곳에서 뛰어내려 보았으나 새처럼 날기는커녕 부상을 입거나 목숨까지 잃는 사고만 일어났습니다.

1912년, 파리의 에펠탑에 한 오스트리아 청년이 천으로 만든 날개를 가지고 올라갔습니다. 그는 새처럼 날 수 있다는 확신을 가지고 탑 아래로 뛰어내렸지요. 그러나 그의 날개는 추락 속도만 조금 늦추었을 뿐 75m 아래로 떨어진 그의 생명을 지켜주지는 못했습니다.

1억 5000만 년 전에 살았던 '시조새'의 화석이 1861년 유럽에서 발견되었습니다. 이 시조새는 파충류(뱀, 거북 따위)와 지금의 새를 닮은 중간 모습을 하고 있으며, 새가 파충류로부터 진화했다는 것을 확신하게 해줍니다. 예를 들면 새의 깃털은 파충류의 비늘이 변화된 것이고, 힘찬 꼬리날개는 파충류의 채찍 같은 꼬리가 진화된 것입니다.

〈그림 6-1〉 새의 깃털은 가벼우면서 단단하고, 체온을 잘 유지하게 해주며, 몸이 물에 젖지 않도록 해줍니다. 새의 깃털을 현미경으로 보면 깃털 하나하나가 서로 붙었다 떨어졌다 할 수 있는 구조입니다.

새의 가장 큰 특징은 그 깃털입니다. 깃털의 자랑은 가벼우면서 튼튼하다는 것입니다. 새의 깃털은 체온을 잘 유지시켜줄 뿐만 아니라 몸이 물에 젖지 않도록 막아주는 기능을 가지고 있습니다. 깃털을 속에 넣은 외투나 이불은 어떤 재료로 만든 것보다 가벼우면서 따뜻하지요.

■ □ 가벼운 뼈와 깃털, 강력한 근육은 새의 특징

새가 공중을 나는 것은 대부분 날개를 헤엄치듯 퍼덕이기 때문이라고 생각합니다. 그러나 실제로 새가 비행하는 것을 고속 카메라로 찍어 관찰해 보면, 날개 끝의 깃털이 마치 비행기 프로펠러의 날개가 도는 것처럼 움직이기 때문에 날게 된다는 것을 알게 됩니다. 커다랗게 펼친 날개 자체는 새가 공중에 떠 있도록 해주는 구실을 하지요.

새의 또 다른 장점은 보기와는 달리 몸무게가 대단히 가볍다는 것입니다. 새 중에는 날개가 가장 크고 멋지게 나는 군함새가 있습니다. 이 새는 몸무게가 약 1.4kg인데, 날개의 폭은 210cm나 됩니다. 그런데 군함새의 전체 뼈의 무게는 겨우 114g에 불과할 정도로 가볍게 만들어져 있습니다.

새의 뼈를 잘라 보면, 그 내부가 커다란 공기구멍으로 가득 차 있습니다. 새는 뼈 속을 효과적으로 비움으로써 뼈 무게를 가볍게 하는 동시에 강한 탄성을 갖도록 진화한 것입니다.

제비는 1분 동안에 심장이 800번(벌새라면 1,000번)이나 뛴답니다. 만일 새의 심장이 이 정도로 빨리 뛸 수 없다면, 강력하게 날개를 퍼덕일 때 필요한 산소를 충분히 공급하지 못합니다. 우리가 달리기를 하면 심장박동이 빨라지는데, 이것은 산소를 더 많이 혈액 속으로 보내기 위해 호흡이 가빠짐과 동시에 심장도 급히 활동하는 것입니다.

새가 날개를 힘차게 움직이려면 체온도 높을 필요가 있습니다. 그래서 새의 체온은 사람보다 높은 40도 정도를 유지하고 있습니다.

비행기와 새를 비교해 보면, 비행기는 복잡한 구조를 가진데다 엄청난 연료(에너지)를 소비하는 비경제적인 기계입니다. 그러므로 비행기를 더 실용적인 것으로 개발하려면 새의 몸에서 많은 신비를 찾아내어 그 원리를 이용해야 합니다.

6장 최고의 비행사와 항해사가 된 동물

2. 벌새는 최고의 헬리콥터

실용적인 헬리콥터를 처음 발명한 이고르 시코르스키는 벌새를 이상적인 헬리콥터라고 생각했습니다. 벌새는 나비나 꿀벌처럼 꽃의 꿀을 먹는 새입니다. 이 새는 너무 작기도 하려니와 꿀을 빠는 동안 공중 한 곳에 머물며 날 수 있어 벌새라는 이름을 얻었습니다.

벌새만큼 한 자리에 오래 머물며 날개를 퍼덕일 수 있는 새는 없습니다. 벌새는 지구의 남반구에만 살기 때문에 북반구에 사는 우리와는 친숙하지 않습니다. 전 세계 새의 5분의 1인 약 1,600종이 꿀을 먹고사는데, 그 가운데 벌새 320종은 모두 바늘처럼 뾰족한 부리를 내밀어 꽃의 꿀을 먹으며 살아 갑니다.

벌새는 대개 크기가 아주 작습니다. 가장 작은 꿀벌벌새는 몸길이가 5.5㎝에 불과하여 나방과 크기가 같습니다. 벌새의 비행기술은 파리만큼이나 완벽합니다('6-2. 파리는 최고의 비행기술자' 참고). 전진, 후진, 상승, 하강, 제자리 비행을 자유롭게 하며, 어떤 곡예비행도 가능합니다. 벌새의 날개는 바로 헬리콥터의 회전날개처럼 움직이고 있습니다.

벌새는 날개를 마치 배의 노처럼 퍼덕이는데, 날개가 연결된 어깨 근육을

〈그림 6-2〉 벌새는 일반 새와는 다른 방법으로 날개를 퍼덕입니다. 벌새들은 우리가 알지 못하는 많은 비행 수수께끼를 간직하고 있습니다.

180도 어느 방향으로든 자유롭게 회전시켜 원하는 대로 곡예비행을 합니다. 그들의 어깨를 버티는 비행 근육은 체중의 30%를 차지할 만큼 크고 강력하답니다.

벌새는 1초에 50~70회 날개를 칠 수 있으며, 이 속도는 어떤 다른 새보다 몇 배나 빠른 것입니다. 벌새만큼 빨리 날개를 퍼덕일 수 있는 것은 곤충류인 파리(200~300회)나 각다귀(1초에 600~1,000회)류 뿐입니다. 곤충의 날개가 벌새의 날개보다 조금 더 발달된 것은 새보다 1억 년 먼저 태어나 진화했기 때문인지도 모르겠습니다.

벌새가 이런 속도로 날개를 퍼덕이며 살아가려면 엄청난 에너지(먹이)가 필요합니다. 과학자의 계산에 따르면 사람이 벌새처럼 날면서 살아가려면 이를테면, 매일 자기 체중의 두 배나 되는 감자를 먹어야 합니다.

그리고 벌새처럼 고속으로 날개를 퍼덕여 공중에 떠 있으면서 에너지를 소모한다면, 체온이 너무 높아질 것이고, 이를 식히려면 땀을 흘려야 할 것입니다. 계산에 의하면 꿀벌벌새처럼 운동하는 사람이 자기 체온을 섭씨 100도 이하로 유지하려면 적어도 한 시간에 45㎏의 땀을 흘려야 한답니다. 그러니까 인간의 정상 체온인 37도 정도로 유지하려면 땀을 폭포처럼 쏟아야 한다는 겁니다.

벌새는 어떻게 그토록 빨리 날개를 퍼덕일 수 있으며, 그에 필요한 막대한 에너지를 생산하고, 높아지는 체온을 40도 이상 오르지 않게 조절할 수 있는지, 모두 우리의 연구 대상입니다.

그들의 신비를 알면 더 멋진 헬리콥터를 설계할 수 있을 것이며, 뜨거운 열기 속에서 임무를 수행하는 소방관이나 용광로 옆에서 일하는 사람들을 열기로부터 보다 안전하게 보호해줄 수 있는 방법을 찾아낼 것입니다.

3. 파리는 최고의 비행기술자

잘 나는 동물이라고 하면 우리는 새를 먼저 생각하지만, 비행술에서는 새보다 곤충이 더 뛰어납니다. 대부분의 곤충은 날개를 가지고 있으며 모두가 뛰어난 비행사들입니다. 수많은 곤충 종류 가운데 정말 비행을 잘하는 최고 곡예 비행기술자는 가장 흔하면서도 인간과의 관계가 불편한 파리입니다.

음식을 차려놓기만 하면 제일 먼저 찾아오는 불청객인 파리는 매우 성가신 곤충입니다. 그러나 파리에게는 그들의 놀라운 후각 기능 외에도 우리가 반드시 배워야 할 기술을 가지고 있습니다.

파리는 1초에 자기 몸길이의 250배나 되는 거리를 납니다. 그러기 위해 그들은 1초에 300번이나 날개를 퍼덕입니다. 파리의 작은 몸속 어디에서 어떻게 그런 힘을 낼 수 있을까요?

이런 비행 운동을 하려면 많은 에너지를 소비해야 하고, 그에 따라 대량의 산소를 소모해야 합니다. 곤충인 파리는 복부 피부에 있는 숨구멍을 통해 피부호흡을 하면서 이처럼 큰 힘을 내어 잘 날 수 있다는 것은 신비로운 일이 아닐 수 없습니다.

파리는 다른 많은 특징도 가졌지만, 비행기술은 그들의 생존에 결정적으로 중요한 도구이기도 합니다. 파리는 멀리 나는 항속비행(恒速飛行)을 비롯하여 선회, 회전, 갑자기 되돌아오는 유(U)턴, 8자 비행, 상승하강, 헬리콥터 같은 제자리비행, 후진, 측방향 비행 등 온갖 비행기술을 모두 동원하여 자유자재로 날고 있는 것을 볼 수 있습니다.

대개의 곤충은 2쌍의 날개로 날지만 파리와 모기는 앞날개만 사용하고 뒷날개는 평균곤이라 부르는 작은 모습으로 흔적처럼 남아 있습니다. 그러나 이것은 비행 시에 몸통이 흔들리지 않도록 균형을 잡아주는 중요한 구실을

〈그림 6-3〉 사람의 미움을 받는 파리는 지구상에 4,000종이나 삽니다. 파리는 우리가 배워야 할 많은 비행기술을 가지고 있습니다.

합니다.

파리는 조금도 힘들이지 않고 이륙하고 착륙하는 능력을 가졌습니다. 파리가 가진 6개의 다리는 어떤 지형에서라도 자연스럽게 이착륙하지요. 새들은 아무리 잘 나는 종류이더라도 파리나 잠자리만큼 자연스럽게 비행하지는 못합니다. 파리는 이착륙하는데 활주로가 전혀 필요치 않습니다. 그들은 어떤 장소에서든 이착륙할 때 불편함이 없어 보입니다. 심지어 고속으로 날아와 거꾸로 천장에 안착하는 것도 그들에겐 조금도 어려운 비행술이 아닙니다.

어떤 첨단 헬리콥터가 파리의 비행술을 따를 수 있을까요! 파리가 가진 비행 장비의 비밀은 그들의 가슴근육과 날개에 있습니다. 그 날개는 자유롭게 움직일 수 있도록 가슴근육에 연결되어 있습니다. 파리의 비행술을 모방하려면 그들의 근육 구조와 날개를 분석해야 할 것입니다. 또한 파리의 놀라운 비행술을 알려면, 그들의 비행 장비(날개와 근육 등)를 구성하는 특수한 재료(신소재)와 그 안에서 일어나는 생리 화학적인 신비를 알아내야 합니다.

4. 곤충계의 최고 파일럿은 잠자리

여름철에 물가를 날아다니는 왕잠자리나 가을철 푸른 하늘을 등지고 기분 좋게 비행하는 고추잠자리 떼를 바라보고 있으면 그들의 비행술에 절로 탄성이 나옵니다.

곤충 가운데 비행 속도가 가장 빠르고 항속 거리가 제일 먼 것이 잠자리입니다. 등에 얹힌 두 쌍의 날개를 교묘히 펄럭이며 나는 모습은 과연 하늘의 왕자입니다. 쾌속으로 날다가 순간적으로 방향을 급선회하는 잠자리의 비행기술은 항공역학 이론을 의심케 합니다.

모기의 사촌인 각다귀는 매초 600번 날개를 진동하여 시속 1.5㎞로 날고, 벌은 130여 회 퍼덕여 시속 6.5㎞로 비행합니다. 나비는 매초 10회 펄럭여 22.5㎞를, 그리고 잠자리는 1초에 35회 퍼덕여 1시간에 약 25㎞ 이상 날아가는데, 어떤 종류는 시속 96㎞로 날기도 합니다.

화석 곤충 가운데 잠자리의 조상으로 보이는 것이 있습니다. 3억 4500만 년 전에 살았던 잠자리는 날개 길이가 약 90㎝에 이르는 대형 곤충입니다. 이 곤충은 벌새의 날개나 헬리콥터의 등에 붙은 커다란 로터(회전날개)처럼 날개를 움직여 날았을 것으로 생각되고 있습니다.

그러나 고대의 잠자리는 사라진지 너무 오래되어 그들로부터 비행기술을

〈그림 6-4〉 잠자리처럼 민첩하게 고속으로 비행하는 곤충은 없습니다. 비행기나 헬리콥터를 연구하는 과학자들은 잠자리로부터 새로운 기술을 배우려 하고 있습니다.

배울 가능성은 없어져 버렸습니다. 하나의 생물이 소멸해버리면 우리는 그 동물이 가진 자랑을 알 수가 없어 얼마나 큰 손실을 입는지 상상하기 어렵습니다.

오늘날 살고 있는 잠자리는 약 2억 5000만 년 전에 탄생했습니다. 오늘날의 헬리콥터라는 항공기는 이 잠자리를 흉내 내어 개발된 것입니다. 등에 달린 대형 로터와 긴 동체, 커다란 머리(조종석)는 말 그대로 잠자리비행기인 것입니다. 잠자리가 먹이를 잡아 다리로 움켜쥐고 비행하는 모습과 헬리콥터가 짐을 끌어안고 나는 모습은 퍽 닮았습니다.

잠자리의 비행기술은 지금도 항공과학자들의 연구 과제이므로 항공 연구소의 실험실 풍동장치(인공적으로 바람이 불도록 시설을 갖춘 실험실) 속에서는 언제나 잠자리가 날고 있답니다. 잠자리의 간단하고도 튼튼한 은빛 날개와 가벼운 몸체, 주변을 잘 살피는 커다란 눈과 머리의 구조는 모두 모방의 대상입니다.

5. 수상스키의 명수 소금쟁이

소금쟁이는 거울처럼 고요한 수면뿐만 아니라 빠르게 흐르는 물도 잘 거슬러 올라갑니다. 소금쟁이가 6개의 발로 수면을 밟고 있는 자리는 마치 보조개처럼 살짝 들어가 있습니다. 그럴 때 수면이 아주 고요하다면, 보조개 그림자가 물밑 바닥에 보기 좋게 생겨납니다.

수상스키의 명수인 소금쟁이는 물속으로 빠지는 일이 없습니다. 그들은 다리에 가느다란 털이 가득나 있어, 그 털이 받는 물의 표면장력에 의해 수면을 디디고 있기 때문입니다. 물의 표면은 마치 수면에 얇은 막을 깔아 놓은 듯한 힘을 가지고 있습니다. 이것을 표면장력이라 합니다.

물은 다른 물체에 닿았을 때 이웃 물질의 성질에 따라 잘 부착하기도 하고 반대로 서로 떨어지려고 하는 성질을 가지고 있습니다. 망치나 도끼를 쓸 때 손바닥이 땀으로 적당히 젖어 있으면 자루를 단단히 잡을 수 있습니다. 이것은 물이 손바닥과 자루를 서로 잘 부착시켜 주기 때문이지요. 그리고 물 분자와 물 분자끼리는 서로 붙는 강한 힘(응집력)을 가지고 있습니다.

소금쟁이가 가진 6개의 다리 끝에는 가느다란 털이 가득 있습니다. 특히 물을 젓는 노로 사용하는 중간의 긴 두 다리가 수면에 닿는 부분에는 깃털과도 같은 미세한 털이 마치 부챗살처럼 펼쳐져 있습니다. 소금쟁이는 이 발을 노처럼 사용해서 수면을 딛고 밀치며 미끄러져 다닙니다.

소금쟁이의 발이 물에 빠지지 않는 것은 발끝에 있는 기름샘에서 나온 유액이 물을 튀겨 털이 젖지 않도록 하기 때문입니다. 이런 유액이 분비되는 샘은 수상생활을 하는 모든 곤충에서 볼 수 있습니다.

만일 소금쟁이가 돌아다니는 물이 비눗물이라면 그들은 물에 빠지고 맙니다. 왜냐하면 비누가 풀린 물은 표면장력이 약해지기 때문이지요. 소금쟁이와 같은 수상생활을 하는 곤충에 대해 잘 연구한다면 즐거운 수상 스포츠 용품을 만들어낼 가능성이 있습니다.

6. 적외선 탐지장지를 가진 뱀

아마존 밀림에 밤이 오면 뱀들이 먹이를 찾아 사냥을 나섭니다. 그들은 아무 것도 보이지 않는 어둠 속이지만 사냥감을 정확히 찾아냅니다. 뱀이 먹이를 발견하는 방법은 적외선을 이용하는 것입니다.

동물의 몸은 체온을 가지고 있어 주변의 온도보다 높거나 낮습니다. 뱀은 그러한 온도(적외선) 차이를 구분하여 먹이가 있는 장소를 알아냅니다. 적외 선으로 사냥을 다니는 뱀에게는 아무리 훌륭한 변장술을 써도 소용이 없습 니다.

세계에는 약 2,400종의 뱀이 살고 있는데, 그 가운데 '보아뱀'과 '방울뱀' 두 뱀 무리가 적외선 탐지 능력을 가지고 있습니다. 보아과에는 남아메리카 에 사는 보아라는 이름을 가진 뱀을 비롯하여 아나콘다 그리고 열대 아시아 에 사는 비단구렁이가 속하고, 방울뱀류에는 방울뱀을 비롯하여 부시마스 터, 아메리카살모사 등이 있습니다.

사람의 눈은 파장 0.4마이크로미터인 보라색 빛에서부터 파장 0.75마이 크로미터인 적색 빛까지 볼 수 있습니다. 그러나 이 뱀들은 파장이 긴 5마 이크로미터의 적외선 빛까지 감지합니다. 밤중에 사막을 다니며 먹이를 찾 는 방울뱀의 적외선 감지장치는 사냥감인 동물의 체온이 주변 환경과 0.1 도만 차이가 나도 그것을 구분할 수 있습니다.

뱀의 적외선 탐지기관은 머리의 눈과 코 사이에 열려 있는 구멍입니다. 그 구멍은 막으로 가려져 있고, 막 안은 빈 공간입니다. 뱀이 빛을 느끼는 방법 은 사람과 다릅니다. 우리의 눈은 빛에 대해 화학반응이 일어나고 이것을 신경이 판단합니다.

그러나 뱀의 구멍에는 '골레이 세포'라는 특별한 세포가 있어 이것이 온 도를 감지합니다. 골레이 세포는 열에너지(적외선)를 흡수하면 내부 공기가

〈그림 6-5〉 방울뱀은 머리에 있는 구멍으로 적외선을 감지합니다. 그들은 이 방법으로 주변과 다른 체온을 가진 먹이를 찾아내는 놀라운 능력을 가지고 있습니다.

팽창하게 되고, 그런 변화가 전기 신호로 바뀌는 것으로 알려져 있습니다. 과학자의 조사에 따르면, 방울뱀의 골레이 세포는 0.003도의 온도 차를 0.002~3초 사이에 감지한다고 합니다.

 적외선을 직접 보지 못하는 사람이 적외선을 탐지하려면, 카메라에 적외선 필름을 끼워 촬영한 뒤 필름을 현상하거나, 적외선이 형광판에 작용하여 발광하게 하는 간접적인 방법으로 봐야 합니다. 그러나 그 감도는 뱀에 비해 아주 뒤떨어지지요. 대자연 속의 생명들은 우리가 알지 못하는 새로운 적외선 물리법칙을 알고 있는지도 모릅니다. 그들의 신비를 꾸준히 조사한다면 밝혀지겠지요.

7. 돌고래에게 배울 여러 가지 지혜

오늘날 배를 연구하는 조선공학자들은 선박을 설계하면서 돌고래의 특징을 적용하려고 애를 쓰지만 쉽지 않습니다. 왜냐하면 고래의 근육이나 지느러미의 변화는 모두 자율신경에 의해 저절로 조정되고 있는데, 인공적으로 그렇게 움직이도록 만드는 것이 어려운 일이기 때문입니다. 하지만 머지않아 선박의 구조에 돌고래의 특징을 모방함으로써 지금보다 훨씬 경제적으로 달리는 쾌속선을 만들 수 있게 될 것입니다.

사람이 키우는 가축은 모두 육상에 사는 동물입니다. 그러나 본격적인 해양 세계가 열리면, 그때는 돌고래가 바다의 가축이 되어 중요한 역할을 하게 될 것입니다. 해양수족관에서 돌고래의 재주를 본 사람은 길들인 돌고래가 얼마나 영리하고, 어느 정도 인간과 친숙해질 수 있는지 알 수 있습니다. 돌고래가 물에 빠진 사람을 구해주었다는 이야기는 세계 곳곳에 많이 남아 있습니다. 돌고래에 얽힌 아름다운 이야기가 있습니다. 뉴질랜드의 오포노니는 경치가 매우 아름다운 해수욕장이지만, 이전에는 그리 알려지지 않았습니다. 어느 맑은 날 오포노니 바닷가에 주민들과 어린이들이 수영을 즐기고 있었습니다.

그때 어린 돌고래 한 마리가 슬그머니 나타나 헤엄치는 주민들 사이를 왔다 갔다 하면서 물장난을 즐기는 것이었습니다. 돌고래는 곧 사람들과 친해졌고, 그날부터 매일 주민들은 돌고래의 등을 타고 놀 수 있었습니다.

이 소문이 퍼지고 신문에까지 보도되자 호기심 많은 사람들이 찾아오면서 바닷가에는 큰 호텔까지 생겨났습니다. 소문은 외국까지 퍼져 전 세계에서 관광객들이 몰려왔습니다. 사람들은 이 돌고래를 '오포노니의 잭'이라 하여 '오포잭'이라 불렀습니다.

6장 최고의 비행사와 항해사가 된 동물

오포잭의 인기와 재주는 날로 늘어나 공을 머리에 이고 수면 위로 뛰어오르기도 하면서 사람들을 즐겁게 했습니다. 그러나 오포잭은 난폭한 운전자가 탄 모터보트의 스크류에 받쳐 죽고 말았습니다. 오포잭이 없어진 뒤 이곳 사람들은 돌로 오포잭의 석상을 만들어 바닷가에 세워 기념했습니다.

■ □ 돌고래는 미래의 가축

돌고래는 전 세계 어느 바다에도 살고 있습니다. 그 종류는 70여 가지나 되며, 바다가 아닌 강에 사는 것은 강고래라고 부릅니다. 돌고래는 다른 고래 종류와 마찬가지로 포유동물이어서 체온이 사람과 비슷하며, 암컷은 물속에서 새끼를 낳아 젖을 먹여 기릅니다.

돌고래의 젖은 영양이 풍부하여, 지방질은 우유의 13배, 단백질은 4배나 포함되어 있습니다. 이처럼 영양가 높은 젖을 먹고 돌고래는 쑥쑥 자라 생후 3개월이면 35㎏ 정도가 되고, 18~20개월이면 젖을 뗍니다.

해양수족관의 조련사들은 돌고래가 다른 어떤 동물보다 훈련시키기 쉬운 대상이라고 말합니다. 돌고래는 사육사의 목소리나 휘파람 소리, 몸짓 등을 잘 이해하고 이를 따릅니다. 훈련된 돌고래는 수면 위로 7m나 뛰어올라 장애물을 넘기도 하고, 꼬리만으로 거의 서다시피 해서 물 위를 이동하기도 합니다. 또 농구 선수처럼 물 위에 떠 있는 공을 머리로 던져 바스켓에 넣기도 합니다.

동물의 지능은 대개 뇌의 크기와 비례하는 것으로 알려져 있습니다. 만일 그게 사실이라면, 돌고래의 지능은 인간보다 높아야 할 것입니다. 돌고래

〈그림 6-6〉 달리는 선박의 뒤를 돌고래들이 따라오고 있습니다. 지능이 높은 돌고래는 미래에 해양 목장이나 연구소가 생겨나면 사람의 활동을 돕는 바다의 가축이 될 전망입니다.

의 뇌에 있는 신경세포 수는 인간의 1.5~2배에 달합니다. 과학자들은 돌고래가 가진 뇌의 기억용량이 커서 지식을 잘 습득한다고 생각합니다. 세계의 해양연구소에서는 돌고래에 대한 연구를 많이 합니다. 돌고래에 대해 가장 관심이 큰 부분은 그들의 지능과 언어, 갖가지 신비스런 생리현상입니다.

■ □ 돌고래는 최고의 수영 선수

돌고래에게는 과학자를 매혹시키는 몇 가지 특징이 있습니다. 오늘날 선박 건조에 관한 발명 중에는 돌고래를 모방한 것이 적지 않습니다. 교통기관으로서 수면을 헤치고 가는 선박은 자동차처럼 속도가 빠를 수 없습니다. 그 까닭은 수면 아래의 선체가 받는 물의 저항 때문이지요.

선박은 속도가 증가하면 할수록 물의 저항을 더 심하게 받습니다. 처음 얼마 동안은 속도의 제곱에 비례하여 저항이 커지다가, 나중에는 속도의 3제곱, 4제곱, 또는 5제곱으로 증대합니다. 그러므로 배가 고속으로 가려고 엔진 출력을 높이면 엔진이 배 전체를 차지할 정도가 되어야 합니다.

오늘날 모든 교통기관은 고속화되고 있습니다. 음속 2배의 제트 여객기가 하늘을 날고, 음속에 가까운 열차가 개발되고 있습니다. 그러나 선박만은 아직 어려운 과제로 남아 있습니다. 선체가 수면 위에 떠서 달리는 수중익선(水中翼船, 하이드로포일)이 출현함으로서 물에서도 시속 100㎞로 항해할 수 있게 되었습니다. 이것은 바다 여행의 오랜 꿈이었습니다. 그러나 수중익선도 대형이 되면 그 장점이 현저히 줄어들고 맙니다(〈그림 6-9〉 참조).

물의 저항으로부터 선박을 해방시키지 못하고 있는 조선공학자들과는 달리, 자연은 돌고래에게 고속으로 헤엄칠 수 있는 능력을 주었습니다. 돌고래의 최고 유영 속도는 시속 40~56㎞라고 알려져 있습니다. 이 속도는 엔진이 선체의 대부분을 차지한 경기용 보트가 내는 속도에 가깝습니다.

돌고래가 평균 시속 50㎞ 헤엄쳐 몇 시간, 어떤 때는 며칠씩 고속 외항선의 뒤를 뒤쳐지지 않고 따라옵니다. 그들이 쉽게 수영할 수 있는 이유를 어떤 학자는 "배가 전진할 때 선수에 탄성파가 생기는데, 돌고래는 이 파에 몸을 실음으로써 힘들이지 않고 전진하면서 수영할 수 있다"고 주장합니다.

■ □ 돌고래 피부를 닮은 잠수함 선체 연구

물은 밀도가 공기보다 약 840배나 크기 때문에 물속에서 빨리 가는 것은 그만큼 더 힘이 듭니다. 영국의 제임스 그레이 교수는 유선형의 돌고래가 헤엄칠 때 받는 저항을 측정하기 위해 크기와 모양이 돌고래처럼 생긴 모형을 만들어 보트로 끌고 다니면서 모형이 받는 저항을 측정했습니다.

그레이 교수는 물리학 법칙으로는 설명할 수 없는 문제에 부딪혔습니다. 모형과 진짜 돌고래를 비교했을 때, 돌고래는 모형 돌고래의 7분의 1 내지 10분의 1 밖에 되지 않는 저항을 받으며 수영할 수 있었습니다.

돌고래가 수영을 그렇게 빨리 할 수 있으려면, 육상의 다른 포유동물보다 적어도 10배는 큰 근육을 가지고 있어야 한다고 생각했습니다. 또한 그렇게 큰 근육을 움직이려면 산소를 대량 소비해야 하고, 그러자면 심장과 폐가 아주 크고 강력해야 하지요. 그레이 교수는 돌고래의 근육이 특수할 것이라고 생각하여 이 점을 연구했으나 특별한 차이를 찾지 못했습니다.

물속을 달리는 잠수함이나 어뢰, 선박 등의 외형을 설계하는 데는 풍동장치와 비슷한 수동장치가 필요합니다. 미국의 국방 관련 연구소에서는 잠수함의 표면을 돌고래와 물고기 피부를 모방하도록 노력하고 있답니다.

이곳에서 개발 중인 고속 잠수함은 그 표면을 끈끈한 점성(粘性)을 가진 플라스틱으로 만들고, 표면 전체에 작은 구멍(기공)을 촘촘히 뚫었습니다. 그 기공에서는 작은 공기방울이 구름처럼 뿜어 나옵니다. 또한 선체의 표면은 전체적으로 탄력성을 가졌으며, 미세한 잔주름이 퍼져 있습니다. 이러한 설계는 모두 돌고래와 물고기의 피부 구조를 모방한 것이랍니다.

잠수함이 고속으로 달리면, 표면에 약 2.5㎝ 두께로 심한 소용돌이(와류)가 생기는데, 이 와류는 물이 선체 표면과 충돌하여 생겨납니다. 조사 결과 이 때 생긴 소용돌이는 선체가 앞으로 나가는 것을 가로막는 작용을 했습니다. 과학자들은 선체 주변에 왜 와류가 발생하게 되는지 물리학적인 원인을 아직 잘 모르고 있습니다.

그러나 이 와류의 장애를 방지하는 방법을 조금 알게 되었습니다. 선체 표면 구멍에서 기포가 발생하도록 하면 와류의 저항을 90%나 줄일 수 있었던 것입니다. 그러나 작은 기포가 어떤 작용을 하여 저항을 줄이는지 그 이유는 알지 못하고 있습니다. 돌고래 피부에 작은 기공이 있는 것은 아니지만, 과학자들은 돌고래를 연구하는 도중에 이런 방법을 찾아낸 것입니다.

이 연구소에서는 여기서 얻은 지식을 활용하여 잠수함과 어뢰만이 아니라 일반 선체에 대해서도 모형실험을 하고 있습니다. 선체 표면에서 기포가 나오도록 하려면 선체의 외부 벽면을 이중으로 하고, 그 틈새로 고압 기체를 밀어 넣어 작은 구멍을 통해 나가도록 합니다.

■ □ 물의 저항과 부착력을 줄이는 연구

잠수함이 달리면 물은 저항하면서도 강한 부착력(응집력)을 가지고 있어 선체 표면에 달라붙습니다. 두 장의 유리 사이에 물을 적신 후 서로 떼어보면 좀처럼 떨어지지 않는 것은 물의 부착력 때문입니다.

물고기를 손으로 잡으려 하면 미끄러워 쉽게 잡을 수 없습니다. 이것은 피부 표면이 점액질로 뒤덮여 있기 때문입니다. 물고기는 왜 표면에 점액질을 잔뜩 발라두고 있을까요?

수억 년 동안 수중생활을 해온 물고기는 물의 저항을 극복하는 방법으로 체형을 유선형으로 만드는 동시에, 그 피부를 점액질로 뒤덮었습니다. 물고기의 점액 성분은 피부에서 끊임없이 분비되어 물속을 헤엄칠 때 저항을 줄

〈그림 6-7〉 주둥이가 창처럼 길게 뻗고, 등에 돛처럼 생긴 지느러미를 가진 돛 새치는 물고기 가운데 대표적인 수영선수입니다. 이들 중에는 몸길이 3.4m, 무게 90kg을 넘는 것도 있습니다.

이는 것입니다. 고대에 지중해를 다니던 선원들은 나무로 만든 배의 바닥에 동물 기름을 발라 빨리 항해할 수 있도록 했다고 합니다. 이것은 이미 수천 년 전부터 인류는 물고기에게서 지혜를 배우고 있었음을 말해줍니다.

그런데 물고기는 물에 씻겨 나가는 점액을 피부에서 계속 분비함으로써 보충할 수 있지만, 사람이 만든 배는 그렇게 하기가 쉽지 않습니다. 사람들은 '폴리머'라고 부르는 화합물을 잠수함 선체에 발라 더 빨리 달릴 수 있도록 연구하고 있습니다. 이러한 연구는 잠수함만 아니라 바다를 다니는 모든 배에서도 이용될 수 있을 것입니다.

물속을 빨리 달릴 수 있게 해주는 점액물질은 다른 응용 분야가 있습니다. 물이나 석유 따위의 액체가 파이프 속을 지나가려면 내부 벽면에서 상당한 저항을 받습니다. 이것은 수중 선박이 받는 저항과 마찬가지입니다. 그리고 그 저항은 유속이 빠를수록 몇 배 더 커집니다.

그러므로 수도관이나 하수관, 송유관 벽에 이런 점액물질을 바르면 액체가 훨씬 빠르게 흐를 수 있다는 것입니다. 실제로 소방관들은 소방차에 실린 물에 폴리머를 소량 섞는 방법으로 소방 호스의 물을 더 멀리 뿜어낼 수 있었답니다. 뿐만 아니라 공장 전체가 파이프로 연결된 석유화학 공장 등에서는 각종 액체가 원활하게 흘러가도록 하는 데도 이용할 수 있습니다. 의학적으로는 혈액이 잘 흐르지 못하는 동맥경화증 환자를 치료하는 방법으로도 응용될 가능성이 있습니다.

인구가 갑자기 불어난 도시에서는 수돗물과 하수 배출량도 급격히 증가합니다. 이럴 때 미처 수도관이나 하수관의 지름을 크게 하거나 증설하지 못했다면, 이 점액질을 이용할 수 있지 않을까요?

■ □ 피부 표면에 주름을 가진 수염고래

오늘날 전술용 잠수함이 어느 정도 최대 속력을 내는지는 정확하게 알려진 바가 없습니다. 그러나 점액질 폴리머를 적절히 쓰면 저항을 35% 정도 줄일 수 있다고 합니다. 그러므로 잠수함의 경우, 선체 표면에서 작은 거품을 뿜게 하는 동시에 폴리머가 선체 표면에서 스며 나오게 한다면 속력을 훨씬 높일 수 있을 것입니다.

그렇지만 문제가 있습니다. 잠수함이나 선박은 폴리머를 싣고 다니거나 폴리머 제조 시설을 갖추어야 하며, 폴리머가 바다를 오염시키지 않도록 하는 대책이 있어야 하겠지요.

선박이나 비행기의 표면은 거울처럼 매끈해야 물의 저항이 적을까요? 그러나 그 대답은 뜻밖에도 '아니오'입니다. 새로 개발하는 잠수함의 표면에는 '리블렛'이라는 대단히 좁은 홈이 패어 있습니다. 그 홈은 2.5㎝ 폭 안에 2,000가닥 정도가 물이 흐르는 방향과 나란히 있습니다. 홈은 너무 작아 맨눈에는 보이지 않아요. 이렇게 홈을 파게 된 것은 수염고래의 피부를 모방한 것이랍니다.

수염고래의 피부를 모방한 홈은 물의 저항을 10% 정도 감소시킨답니다. 리블렛은 잠수함에서만 효력을 나타내는 것이 아니라 비행기 표면에 만들었을 때도 8% 정도 저항을 감소시킨다고 합니다.

자연의 생명들은 한 가지 문제를 해결하는 방법도 종류에 따라 각기 다른 묘책을 개발하였습니다. 예를 들면, 물의 저항을 줄이는 방법으로 참치, 상어, 돌고래, 수염고래 등은 저마다 다른 방법을 이용하고 있는 것입니다.

우리는 자연 속의 비밀을 되도록 많이 알아내 적절히 이용할 수 있기를 바랍니다. 머지않아 수중동물의 피부를 모방한 배와 잠수함과 비행기를 개발하기를 바랍니다. 생명체로부터 알아낸 지식이 이렇게 예상치 못한 방면에서 기술 발전을 가져올 수 있기 때문에, 생명의 신비는 끊임없이 연구하지 않을 수 없습니다(수염고래에 대해 '8. 힘들이지 않고 수영하는 수염고래' 참고).

6장 최고의 비행사와 항해사가 된 동물

〈그림 6-8〉 고래들은 물속에서 초음파로 서로 통신을 합니다. 과학자들은 고래들이 장시간 빠른 속도로 헤엄칠 수 있는 이유를 연구하여 선박의 설계에 이용하려 합니다.

■ □ 초음파로 통신하는 돌고래의 언어

박쥐와 비슷하게 초음파를 들을 수 있는 유명한 동물이 돌고래입니다. 돌고래가 박쥐처럼 초음파를 발사하고 또 그것을 수신하는 능력이 있다는 것이 밝혀진 것은 1947년의 일입니다. 실험에 따르면, 돌고래가 가진 수중음파탐지기는 물체의 모양, 크기, 재질, 구조까지 판단한답니다.

돌고래의 음파탐지기는 20~30m 떨어진 곳에 놓인 지름 4㎜ 크기의 물체를 파악할 정도입니다. 돌고래의 음파탐지기관은 박쥐와 마찬가지로 다른 잡음이 많이 있어도 자기가 낸 소리의 반사음만 골라 듣는 뛰어난 선별 능력을 가지고 있습니다.

돌고래가 소리를 내는 발음원은 '공기주머니'라고 부르는 곳입니다. 돌고래가 내는 음파의 주파수는 수십 헤르츠에서 200~250킬로헤르츠(㎑)이고, 소리는 짧게 혹은 길게 자유자재로 주파수를 조절하며 냅니다. 소리는 수면 밖에서 마신 공기를 내뿜고, 아래턱의 뼈는 반사음을 수신하는 레이더 역할을 합니다. 음파가 아래턱뼈의 지방층을 지나 속귀로 전달되면 뇌가 분석 판단합니다.

물속으로 전파되는 음파는 주파수(펄스)가 높을수록 멀리 가지 못하고 물에 흡수되기 쉽습니다. 대신 주파수가 높으면 물체를 상세히 구분하는 능력(해상력, 解像力)은 높아집니다. 그래서 돌고래는 먼 곳의 물체를 찾을 때는 주파수가 낮은 음파(1초에 5~10회 진동)를 발사하고, 먹이에 점점 접근하면 주파수를 올려 70~100번까지 짧은 펄스를 냅니다.

 돌고래는 이렇게 주파수를 바꾸어 가면서 먹이를 찾고, 해안이나 빙산까지의 거리를 측정하며, 지나가는 선박과의 충돌을 피합니다. 플로리다주의 마린랜드에서 실시한 실험은 재미있습니다. 수조의 벽을 음파가 잘 반사되지 않는 재질로 둘러치고, 쇠 파이프를 복잡하게 얽어 다니기 어렵도록 만들었습니다. 또 흙탕물을 넣어 수중에서 볼 수 있는 거리가 50㎝ 이하가 되게 만든 뒤 돌고래를 그곳에 넣어 주었습니다.

 이 실험에서 돌고래는 처음 20분 동안에는 쇠 파이프에 4번 부딪혔으나(쇠 파이프에 몸이 닿으면 벨이 울림), 그다음부터는 좀처럼 벨을 울리지 않았답니다.

■ □ 바다의 심부름꾼 돌고래

 과학자들은 해양 세계를 건설할 때 돌고래를 조수로 삼기 위해 그들의 뇌에 대해서도 연구하고 있습니다. 지금까지의 연구 결과를 볼 때, 돌고래는 인간의 조수로서 또 동료로 이용될 가능성이 매우 높습니다.

 훈련된 돌고래는 60m 깊이에 있는 해저기지와 수면에 뜬 연구선(모선, 母船) 사이를 왕복하면서 물건을 배달하기도 하고, 사람을 호위하기도 합니다. 잠수부들이 해중작업을 할 때 상어 떼가 접근하면, 돌고래가 달려가 상어를 쫓아냅니다. 상어는 돌고래를 두려워한답니다.

 돌고래는 잠수병에도 잘 걸리지 않는 듯합니다. 사람은 깊이 잠수하면 혈액 속에 질소 가스가 녹아듭니다. 그러므로 해저 깊이 있던 사람이 급히 수면으로 오르면, 혈액 속에 녹은 질소가 공기방울이 되어 혈관을 막아버리므로 잠수부의 생명을 위협합니다. 이것이 잠수병입니다. 돌고래는 수심 60m 아래에서 모선까지 45초 만에 올라오는데, 잠수부라면 모두 잠수병에 걸리겠지만 돌고래는 아무렇지 않게 오르내립니다.

돌고래의 이용도가 점점 불어나고 있습니다. 훈련된 돌고래는 바다에서 일어난 비행기나 선박사고에서 조난자를 발견하고 구조하는 일도 할 수 있습니다. 실제로 이런 실험을 하고 있답니다. 돌고래에게 어떤 음파를 들려준 뒤 그 음파만 들으면 즉시 사람을 구조하도록 가르치면, 사람이 바다에 빠져 몸에 부착된 음파 발생기로 신호를 보냈을 때, 돌고래는 그 소리 방향으로 헤엄쳐 가 조난자를 물 위로 떠밀어 올려놓고 구조선이 오기까지 기다린다는 것입니다.

　또한 훈련된 돌고래의 몸에 각종 측정장치를 부착해서 보내면, 바다의 수온, 해류의 속도, 해류 방향, 오염 상태 등을 측정해 올 수 있습니다. 나아가 물고기를 소나 양처럼 방목하여 키우는 '해양 목장'이 생겨나면, 돌고래는 물고기를 지키는 목동 역할도 하게 될 것입니다.

8. 힘들이지 않고 수영하는 수염고래

고래 종류 가운데 수염고래는 지칠 줄 모르는 수영선수로 알려져 있습니다. 그들은 북대서양에서 중앙아메리카 바다 사이를 1달에 4,300㎞나 이동해 다닙니다. 수염고래에 관심을 가진 과학자들은 그들을 모방한 색다른 수중 추진장치를 만들고자 합니다.

 수염고래를 연구한 과학자들은 그들이 지치지 않고 수영할 수 있는 것은 바다 표면에 일고 있는 파도의 힘을 교묘하게 이용하기 때문이라고 주장합니다. 고래의 꼬리지느러미는 물고기와는 달리 수직이 아니라 수평 구조로 그 꼬리를 상하로 흔들게 되어 있습니다.

 수평 꼬리의 상하 운동은 파도에 실려 있는 에너지를 자연스럽게 얻는 방법이 됩니다. 미국 메모리얼 대학의 과학자 닐 보스에 의하면, "고래의 수평 꼬리는 물 밑에서 비행기 날개를 펼치고 항진하는 것과 같다"고 말합니다.

 즉 고래가 수평 꼬리를 아래로 치면, 꼬리 아래보다 위의 물이 빨리 흐르므로 양력을 얻어 적은 힘으로 전진할 수 있다는 것입니다. 과학자의 조사에 따르면, 고래는 파도의 움직임에 맞추어 꼬리지느러미를 적절히 상하로 운동함으로써 힘을 3분의 1 정도 절약한답니다.

 파도는 주로 바람의 힘에 의해 발생합니다. 눈으로 보기에 파도는 한 방향으로 나아가는 것 같지만 실제로는 상하 운동만 하고 있을 뿐입니다. 고래의 꼬리는 바로 이 파도의 상하 운동에 편승하여 적은 에너지로 먼 길을 가도록 운동 방법을 적응시킨 것입니다. 그러므로 고래의 운동에 대해 잘 알게 된다면 새로운 디자인의 선박이나 보다 쉽게 헤엄치는 수중 스포츠 기구를 개발하게 될 가능성이 있습니다.

9. 잠수함의 모습은 상어를 닮았다

상어는 3억 년 전부터 살기 시작하여 오늘에 이른 '물고기의 왕'이라 할 만합니다. 잠수함을 설계하는 과학자들에게 상어는 돌고래와 마찬가지로 훌륭한 자연의 선생님입니다.

원자력 잠수함의 위용을 보면 바로 상어를 닮았다는 것을 알게 됩니다. 특히 등에 수직으로 우뚝 솟아 있는 잠망경탑은 상어의 거대한 등지느러미를 모방한 것입니다. 상어의 납작한 머리는 방향을 빨리 바꾸는데 편리한 구조입니다. 거대한 수직 등지느러미는 고속으로 전진하다가 급선회하도록 하는 멋진 방향타입니다.

상어의 좌우에 있는 가슴지느러미는 자세를 안정시키는 동시에 상승과 하강을 조절하는 장치입니다. 상어의 꼬리지느러미도 특이한 형태를 하고 있습니다. 이런 체형으로 상어는 시속 64㎞의 추진력을 낼 수 있습니다.

상어의 또 다른 비밀은 뛰어난 후각입니다. 상어는 1억 분의 1로 희석된 피 냄새를 맡을 수 있습니다. 상어는 피부도 신비한 구조를 가지고 있습니다. 샌드페이퍼처럼 거친 그들의 피부를 확대해 보면 바늘 같은 것이 솟아 있는데, 이는 수영할 때 물과 피부와의 마찰을 줄여주는 작용을 하는 것으로 알려져 있습니다.

우리는 상어의 피부를 비롯하여, 앞에서 소개한 돌고래와 그 밖에 수영을 잘하거나 수면 위로 점프하는 돛새치와 같은 물고기에 대해서도 연구하여 배 워 야 할 것이 많습니다.

〈그림 6-9〉 수중 익선은 물속에 비행기 날개를 닮은 수중 날개를 달고 고속으로 향합니다.

10. 박쥐로부터 배워야 할 신비

캄캄한 동굴 속을 보금자리로 삼고 살아가는 박쥐는 많은 신비를 지닌 동물의 하나입니다. 박쥐는 체온이 일정하고, 새끼를 낳아 젖으로 키우는 온혈동물이면서 새처럼 날개를 가진 동물입니다. 포유동물이면서 동면(겨울잠)도 하는 특별한 생리를 가진 박쥐는 해충을 잡아먹는 귀중한 생명입니다.

과학자들은 연구실 속의 냉장고에 박쥐를 넣어두고 동면시키거나 사육하면서 그들을 연구하고 있습니다. 박쥐는 냉장고에 넣으면 곧 동면에 들어갑니다. 동면하는 동안 박쥐는 체온이 내려가고, 심장은 1분에 180번 뛰던 것이 3번으로 떨어지며, 호흡은 1초 동안 8번에서 1분에 8번으로 느린 호흡을 하게 됩니다.

박쥐는 초가을이 되면 동면을 대비하여 몸에 지방질을 저장합니다. 이럴 때 잡은 박쥐를 냉장고에 넣어 두면 몇 달 정도 먹이를 줄 필요없이 동면 상태로 둘 수 있습니다. 실험 재료로 써야 할 일이 있어 냉장고에서 꺼내면 곧 잠에서 깨어납니다.

박쥐는 노인병과 심장병 또는 동맥경화증을 연구하는 학자들에게도 중요한 연구 대상입니다. 그 이유는 박쥐의 수명이 예상외로 길기 때문입니다. 포유동물의 수명은 대개 그들의 몸 크기와 관계가 있습니다. 예를 들면 체격이 작은 들쥐는 거의 1년을 살지 못하며, 개는 평균 12년, 말은 17년을 삽니다. 동물의 수명은 대개 체격이 클수록 장수하고 작으면 단명하지요. 그러나 박쥐는 이러한 관계를 벗어나 20년 내지 그 이상 왕성하게 살아갑니다.

〈그림 6-10〉 박쥐는 새처럼 날지만, 젖으로 새끼를 키우는 포유동물입니다. 지구상에는 900여 종의 박쥐가 살고 있으며, 이들은 초음파를 내어 듣는 방법으로 날아다니면서 먹이를 잡고, 장애물도 피해 갑니다.

■ □ 박쥐는 우주여행을 대비한 연구 대상

박쥐가 자랑하는 많은 신비 중 하나는, 일생 동안 곤충류를 육식하고 살지만, 지방을 많이 섭취하는 다른 동물이나 인간에게 일어나는 동맥경화증 같은 증상이 전혀 나타나지 않는다는 것입니다. 조사에 따르면 20살 된 박쥐와 1살 된 아기 박쥐의 동맥 벽에서 아무런 차이도 발견할 수 없었다고 합니다.

박쥐는 어떤 동물보다도 병에 대한 저항력이 강합니다. 다른 동물이면 죽고 말았을 바이러스성 질환에도 잘 견디며, 광견병을 감염시켜도 아무렇지 않게 살아간다고 알려져 있습니다.

박쥐는 번식 행위에서도 특이한 점을 찾을 수 있습니다. 암컷은 교미 후 수컷의 정자를 자기 형편이 좋아질 때까지 몇 달이나 자기 몸에 저장해 둘 수 있습니다. 이런 정자 저장 능력을 가진 포유동물은 박쥐뿐이랍니다. 이들의 교미기는 대개 동면 전인 가을인데, 수정이 이루어지는 때는 다음 해 봄입니다.

생물학자들은 장기간 정자를 저장할 수 있는 비밀을 캐내려 하는데, 그것이 밝혀지면 가축의 인공수정 기술이 훨씬 발전할 수 있는 것은 물론이고, 인간의 불임 문제 해결에도 도움을 줄 것입니다. 또한 병에 대한 저항력과 동맥경화증 등의 노화현상이 없는 신비를 밝혀내면 사람의 수명 연장에 도움이 될 지식을 얻을 수 있을 것입니다.

박쥐의 동면에 대한 연구 목적의 하나는, 현재의 의술로서는 고칠 수 없는 병에 걸려 죽게 된 사람을 동면시켜 두었다가, 훗날 의학이 훨씬 발달했을 때 소생시켜 그 질병을 치료할 수 있게 하려는 데 있습니다. 또 장기간 우주여행을 할 때도 필요합니다. 몇 해씩 우주여행을 해야 하는 날이 왔을 때 인간은 동면하지 않고서는 우주선 속에서 장기간 견디기 어렵습니다.

■ □ 박쥐의 놀라운 초음파 청각

박쥐는 하늘을 새처럼 날 수 있는 유일한 포유동물입니다. 날개는 해부학상 인간의 팔이 아니라 손에 해당하는데, 손가락 사이에 막이 쳐진 것과 같습니다. 박쥐의 비행 속도는 제비를 앞지릅니다. 이들은 전속력으로 날면서 순간적으로 거의 직각으로 방향을 바꿀 수 있습니다. 박쥐의 날개 구조와 비행술이 어떠하기에 그 같은 직각 선회가 가능한지 아직 알지 못합니다.

과학자들이 특히 큰 관심을 두고 있는 것은 박쥐의 음향탐지 능력입니다. 그들의 귀는 작은 얼굴에 비해 두드러지게 크지요. 박쥐는 48,000㎐ 정도의 초음파를 발사해서 그 방향을 듣고서 먹이를 잡고, 장해물을 피해 날아다닙니다. 박쥐의 음향탐지 능력은 인간이 고안한 어떤 레이더나 음파탐지기보다 10억 배나 감도가 좋고 유효하다고 합니다.

한 과학자는 어두운 방에 머리카락처럼 가느다란 철사 28가닥을 아무렇게나 쳐 놓고 그곳에 스피커 70개를 장치했습니다. 스피커는 박쥐들이 내는 신호음과 똑같은 주파수의 음을 2천 배의 세기로 발사하도록 장치했습니다. 그런 방 안을 날게 하자, 박쥐는 철삿줄에 날개 한 번 걸리지 않고 날아다녔습니다. 조그마한 청각기관으로 그들은 자기가 낸 소리가 철사에 부딪쳐 되돌아오는 반향을 정확히 분석하고 장해물 상태까지 파악한 것입니다. 뿐만 아니라 수없이 많은 방해 음파 속에서 자신이 낸 소리만 선택하여 들을 수 있었던 것입니다. 이런 능력은 돌고래도 가지고 있지요.

날이 어두워지면 박쥐들은 무리를 지어 굴에서 나옵니다. 그들의 무리는 수만에서 수십만 마리에 이르지만, 굴속에서 벽에 부딪치거나 동료끼리 날개를 스치며 충돌하는 일이 없습니다. 그들은 달빛조차 없는 어둠 속에서 나뭇가지 사이를 날아다니며 모기처럼 작은 곤충까지 잡아먹습니다. 그들이 하룻밤에 사냥하는 먹이의 양은 자기 몸무게의 3분의 1이나 된답니다. 그들은 이런 사냥과 안전 비행을 전적으로 청각의 판단에 의지하고 있습니다.

〈그림 6-11〉박쥐는 동굴 천장이나 나무에 매달린 상태로 쉬고 잠을 잡니다. 박쥐는 초음파를 내어 그 반향을 듣고 날지만, 장님은 아니랍니다. 박쥐의 날개는 앞다리가 날개 형태로 변한 것입니다.

박쥐는 1초에 20~30회 가량 짧은 소리를 냅니다. 소리의 성질과 발신 시간은 상황에 따라 다릅니다. 예를 들어 10㎝ 앞에 있는 모기를 사냥해야 할 경우라면, 반향은 1,000분의 1초 사이에 판단해야 합니다. 박쥐의 몸에는 이 정도의 시간차를 판별하는 초정밀 음향탐지기가 있답니다. 박쥐의 고감도 청각에 대한 비밀을 풀면 레이더나 음향탐지장치의 발전에 일대 혁명이 일어날 것입니다.

박쥐를 피하는 나방의 지혜

사람들은 박쥐나 고래 종류만 초음파를 낸다고 알고 있습니다. 박쥐가 사냥하는 먹이에는 야간활동을 하는 방나방을 비롯하여 하루살이, 귀뚜라미, 사마귀 등이 있습니다. 과학자들의 조사 결과, 박쥐가 접근하면 방나방은 그것을 알고 피신한다는 것을 알았습니다.
이것은 나방에게도 초음파를 듣는 청각기관이 있다는 것을 증명합니다. 나방 중에는 초음파를 듣기만 하는 것이 아니라 스스로 초음파를 내는 장치를 가지고 있으며, 그들은 초음파를 내어 결혼 상대를 찾기도 한답니다.

■ □ 박쥐는 보호해야 할 귀중한 동물

박쥐가 잡아먹는 해충의 양은 상상하기 어려울 정도로 많습니다. 박쥐는 밤에 피는 꽃들의 꽃가루받이를 해주고, 씨앗을 퍼뜨려 주기도 하는 고마운 동물입니다. 박쥐는 밤에만 날아다니는 야행성 동물이라는 것은 잘 알고 있습니다. 그렇지만 박쥐는 장님이 아닙니다.

대부분의 박쥐는 몸에 비해 귀가 매우 크고, 벌레가 풀잎을 갉아 먹는 소리까지 들을 정도로 예민한 청각기관을 가졌습니다. 그들은 목 근육을 움직여 코를 통해 소리를 냅니다. 박쥐의 소리는 초음파(대단히 높은 음)이기 때문에 사람은 그 소리를 듣지 못합니다.

지구상에는 약 1,000종의 박쥐가 살고 있습니다. 이들은 밤이 오면 동굴이나 바위 틈, 나무 구멍 등에서 나와 나방이라든가 딱정벌레 등의 곤충을 잡아먹습니다. 만일 박쥐가 없다면 나방이라든가 모기 따위의 해충은 지금보다 더 많아 농부들은 물론이고 일반 사람들까지 고통을 겪어야 할 것입니다. 예를 들어, 지네는 발이 여러 개 달린 기분 나쁜 동물입니다. 그러나 박쥐는 두려워 않고 지네를 잡아먹습니다. 그뿐만 아니라 독충으로 유명한 전갈도 박쥐의 먹이입니다.

사막지대에 사는 박쥐는 밤에 피는 선인장 꽃을 찾아가 꿀을 빨아먹습니다. 이럴 때 박쥐는 선인장의 꽃가루받이를 해주는 나비나 벌과 같은 역할을 하는 것입니다.

■ □ 박쥐를 보호하는 국제박쥐보호협회

1982년에는 세계의 박쥐학자들이 모여 귀중한 박쥐를 보호하기 위해 국제박쥐보호협회를 결성했습니다. 박쥐보호협회는 박쥐를 연구하면서 보호하는 운동을 펼치는 한편, 사람들이 박쥐에 대해 잘못 알고 있는 것을 계몽하는 노력도 하고 있습니다. 예를 들어 대개의 사람들은 박쥐란 흉포하고,

광견병을 옮기며, 앞을 보지 못하는 장님이라고 알고 있습니다.

　남아메리카에는 소나 말 등의 포유동물 피부에 상처를 내어 거기서 흘러나오는 피를 빨아먹는 흡혈박쥐(영어로 뱀파이어)가 살고 있습니다. 텔레비전에서 흡혈박쥐가 짐승의 피를 빨아먹는 장면을 본 사람은 그들을 매우 두려운 동물이라고 생각합니다. 그러나 실제로 박쥐가 사람을 해치는 일은 없으며, 전혀 흉포하지도 않습니다. 박쥐를 손으로 억지로 잡으려다 물리는 경우는 있지만 박쥐는 전적으로 유익한 동물이라고 하겠습니다.

　최근에 와서 자연 파괴로 인해 세계적으로 박쥐들이 위기에 처해 있습니다. 박쥐들은 천연의 동굴이나 버려진 탄광(폐광)에 수만, 수십만 마리가 무리지어 살고 있습니다. 지난 날 일부 몰지각한 동굴탐험가들은 굴에 들어갔다가 박쥐를 발견하면 기분 나쁘다고 동굴 속에 불을 놓아 박쥐들을 질식시켜 죽게 한 경우도 있었습니다.

■ □ 동굴은 이상적인 동면 장소

　박쥐들이 동굴에서 살기 좋아하는 이유는 그들의 습성을 알면 금방 이해할 수 있을 것입니다. 박쥐들은 겨울이 오면 먹이로 삼을 벌레가 없기 때문에 동면(겨울잠)을 합니다. 대개 9월부터 다음해 4~5월까지 동굴 천장에 매달려 잠을 잡니다. 동굴은 겨울잠을 자기에 이상적입니다. 그 안은 온도 변화가 거의 없고, 바람이 불거나 눈보라 염려도 없으며, 다른 적이 공격해 올 위험도 거의 없습니다.

　박쥐는 보통 여름 동안 매년 한 마리의 새끼를 낳습니다. 새끼를 아주 적게 낳는 편이지요. 박쥐를 연구하기 위해 동굴을 찾는 과학자들도 겨울잠을 자는 동안에는 좀처럼 동굴에 들어가지 않습니다. 그 이유는 박쥐의 겨울잠을 방해하지 않기 위해서이지요. 만일 사람이 들어가 잠시라도 잠을 깨우면 박쥐는 잠깐 사이에 두 달치 분의 저장된 영양분을 소모하게 되고, 그 결과 봄이 오기 전에 영양 부족으로 죽게 됩니다.

동굴 속의 박쥐는 수만 마리가 빈틈없이 서로 몸을 붙인 채 잠을 잡니다. 그들이 정답게 붙어 자는 이유는 체온을 서로 나눔으로써 저장된 영양분의 소모를 줄이기 위한 것입니다. 만일 혼자 겨울을 지내다가는 체온을 유지하는데 에너지가 너무 소모되어 겨울나기가 어렵습니다.

우리나라에는 30여 종의 박쥐가 살고 있지만, 어느 종류가 어떤 곳에 얼마나 많이 사는지 잘 조사되어 있지 않습니다. 분명한 것은 우리나라의 박쥐도 밤이면 동굴이나 폐광에서 나와 농작물과 산림을 해치는 해충을 대량 사냥하고 있다는 것입니다.

11. 곤충에게 배워야 할 신기술

■ □ 생존에 유리한 곤충의 작은 몸

곤충은 몸이 작아 살아가는 데 유리합니다. 나비의 몸이 무겁다면 빨리 날 수 없을 것이고, 꿀을 먹기 위해 연약한 꽃에 앉기도 어렵습니다. 벼룩이나 메뚜기의 몸이 육중했다면 멀리 점프할 수 없었을 것입니다. 또한 체격이 크면 먹이가 많아야 하고, 적에게 발각되기도 쉽습니다. 곤충은 대부분 작은 몸을 가졌습니다.

딱정벌레 중에는 몸길이가 겨우 0.25㎜에 불과한 것도 있습니다. 가장 큰 곤충인 아틀라스 나방은 날개폭이 30㎝입니다. 고대에는 날개폭이 76㎝인 '메가네우라'라는 잠자리를 닮은 것이 있었습니다. 오늘날 곤충 가운데 몸이 큰 것이 있다면, 그 종류는 어디에서나 멸종해가고 있습니다.

곤충은 작은 몸에 강한 근육을 발달시켰기 때문에 잘 날고 뛰고 헤엄칠 수 있게 되었습니다. 만일 그들의 몸이 더 커지려면 몸의 표면적이 몇 갑절 늘어나기 때문에 비행이나 도약할 때 공기 저항을 그만큼 더 많이 받게 되어 오히려 속도가 떨어질 수밖에 없습니다. 몸이 커지면 표면적은 제곱으로 늘어나고 체중은 3제곱으로 증가합니다.

곤충은 복부에 있는 숨구멍으로 피부호흡을 합니다. 체중이 증가하면 산소를 더 소모해야 하고, 호흡을 충분히 하자면 몸 표면적을 더욱 넓혀야 하겠지요. 이런 관계는 새나 포유동물에서도 생각할 수 있습니다. 흰수염고래는 쥐보다 약 1000만 배 무겁습니다. 그러나 몸 표면적은 1만 배 정도 넓을 뿐입니다. 개미는 자신의 키보다 100배나 높은 나무에서 땅에 떨어져도 아무런 상처를 입지 않습니다. 개미는 체중에 비해 표면적이 큰 편이기 때문에 나무에 올라갔다가 실수로 떨어지더라도 공기 저항을 많이 받아 천천히 떨어지기 때문입니다.

곤충은 정말 놀라운 체력을 가지고 있습니다. 개미는 자기 체중보다 50배나 되는 짐을 들어올릴 수 있고, 꿀벌은 300배나 무거운 추를 달고 날 수 있습니다. 사람이라면 가장 힘센 장사라도 자기 몸무게의 3배 이상 되는 것을 들기 힘들지요.

■ □ 곤충은 최고의 육상경기 선수

항공모함 갑판에서 뜨고 내리는 비행기는 선체가 항상 전후좌우와 상하로 흔들리고 있기 때문에 이착륙이 아주 조심스럽습니다. 그래서 수직으로 이착륙하는 전투기까지 개발했습니다.

메뚜기나 귀뚜라미 등의 곤충은 연약한 풀잎 위에도 아주 쉽게 내려앉고 또 뛰어오르기도 합니다. 미국의 맥도널 더글러스 항공기 제작회사에서는 메뚜기의 다리를 닮은 항공기 착륙장치를 개발하려고 연구 중입니다. 항공기에서 착륙 바퀴를 떼어 내고 메뚜기 다리를 붙여 오르내리게 하는 방법을 고안할 수 있지 않을까요?

곤충 중에 누가 과연 최고인지는 구별하기는 힘든 일입니다. 개미는 물건을 입으로 물고 가는 장사이고, 꿀벌은 날개 힘이 강한 곤충이지요. 곤충 세계에는 서로 우열을 정하기 힘든 온갖 운동선수들이 많습니다. 메뚜기, 귀뚜라미, 방울벌레, 벼룩, 톡톡이 같은 곤충은 대표적인 높이뛰기와 멀리 뛰기 선수들입니다.

곤충에서 볼 수 있는 보다 놀라운 사실은, 곤충의 근육은 그처럼 강한 힘을 계속해서 장시간 낼 수 있다는 것입니다. 어떤 과학자는 쥐벼룩을 병에다 담고 가느다란 막대기로 계속 뛰도록 자극했습니다. 이 벼룩은 1시간에 600번 비율로 72시간을 계속해서 뛰었답니다. 6초에 한 번씩 3일간 쉬지 않고 뛴 겁니다.

이것은 곤충의 근육이 좀처럼 지치지 않기 때문입니다. 다른 예로, 광대파리는 한 번도 쉬지 않고 6시간 30분을 난 기록이 있으며, 사막에 떼를 지어 다니는 메뚜기는 9시간을 연속 비행할 수 있습니다. 곤충이 이처럼 강한 힘을 장시간 내는 것은 몸에 비해 대단히 크고 강한 특별한 근육이 발달되어 있기 때문이다.

■ □ 벼룩의 다리 근육에 숨겨진 비밀

벼룩은 포유동물이나 새의 몸에 붙어서 피를 빨아먹고 사는 아주 작은 곤충입니다. 지금까지 알려진 벼룩의 종류만 해도 1,500종에 이른다니, 곤충의 세계는 참으로 다양합니다.

벼룩은 몸길이 2㎜, 키는 1.5㎜에 불과한데도 한번 점프하면 최고 33㎝까지 튀어 오릅니다. 이것은 자기의 키보다 200배나 높이 뛴 것으로, 사람이라면 300m나 뛰어오른 셈입니다. 벼룩은 날개가 없는 대신 잘 뛰어야만 살 수 있습니다. 왜냐하면 지나가는 짐승이나 새의 몸에 재빨리 뛰어올라야 하기 때문이지요.

그래서 그들은 몸을 좁다랗게 만들어 도약할 때 공기저항이 적고 또 새의 비좁은 깃털 사이를 비집고 다니기 쉽도록 진화했습니다. 또한 벼룩의 뒷다리 근육 구조는 특별히 더 발달했습니다. 레실린(Resilin)이라는 고무줄 같

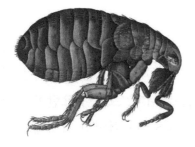

〈그림 6-12〉 벼룩은 자신의 키보다 200배나 높이 뛰는 곤충계의 높이뛰기 챔피언입니다. 장시간 놀라운 힘을 발휘할 수 있는 벼룩의 근육은 생체모방과학의 연구 대상입니다.

은 탄력을 가진 단백질로 특수한 근육을 만들어, 이 근육을 순간적으로 움직여 큰 힘을 냅니다. 벼룩처럼 작은 곤충에게도 이처럼 신기한 신비가 숨겨져 있으니, 과학자들의 연구 과제는 무궁무진하다고 하겠습니다.

어떤 과학자는 벼룩은 어떤 경우에 점프를 하는지 조사했습니다. 그는 삼각 플라스크 밑바닥에 모래를 약간 깔고 그 속에 벼룩을 몇 마리 넣은 다음 플라스크 입을 2개의 유리관이 꽂힌 고무마개로 막았습니다.

한쪽 고무관을 입에 대고 조용히 입김을 불어넣었습니다. 그러자 벼룩들은 일제히 나와 뛰기 시작했습니다. 원인을 조사한 과학자는 벼룩이 뛰는 이유가 사람 숨 속에 포함된 이산화탄소를 느끼고 행동을 시작한다는 사실을 발견했습니다.

벼룩은 이산화탄소 냄새를 맡을 수 있는 것입니다. 이산화탄소에 이끌리는 곤충으로 유명한 것에는 벼룩 외에 모기, 물땅땅이, 진드기류가 알려져 있습니다.

로스차일드라는 영국인은 은행과 보험회사의 경영자로서 큰 부자였습니다. 그는 큰 재산을 과학자에게 투자하여 벼룩의 표본과 벼룩에 대한 연구 보고서를 만들도록 했습니다. 훗날 그는 일생동안 구한 벼룩에 대한 연구 자료를 대영박물관에 기증했고, 그가 남긴 유물은 벼룩 연구에 중요한 자료가 되고 있습니다. 과학자가 아니더라도, 기업으로 번 재산을 인류를 위한 과학 연구에 투자한다는 것은 자랑스럽고 가치 있는 일입니다.

■ □ 모기에게도 음향탐지기가 있다

어떤 과학자들은 모기를 연구하여 통신에 필요한 중요한 지식을 얻으려 하고 있습니다. 아주 작은 소리를 "모기 소리만 하다"고 말하는 것은 모기가 날개를 퍼덕이는 소리가 그만큼 작기 때문입니다. 그러나 요란한 소방차의 사이렌 소리가 들리는 가운데서도 모기는 45m나 떨어진 거리에서 서로 의사를 전달할 수 있는 것으로 알려져 있습니다.

　사람의 경우, 큰 소리가 울리는 속에서는 작은 소리가 잘 들리지 않습니다. 그러나 모기는 소리를 골라 듣는 '소리의 선택 능력'이 대단히 우수한 청각을 가지고 있습니다.

　우리는 모기가 가진 청각기관의 비밀을 알지 못하고 있습니다. 그것을 안다면 그들의 기술을 응용한 청음장치를 만들기가 조금 수월해질 것입니다.

12. 스스로 빛을 내는 생물의 신비

밝은 불을 얻으려면 무엇을 태우거나 전기로 불을 밝혀야 합니다. 그러나 개똥벌레나 야광박테리아 등은 불을 밝힐 수 있습니다. 발광박테리아를 비롯한 다른 발광생물들이 어떻게 빛을 낼 수 있는가에 대해서 여러 가지 사실을 알아냈으나 아직도 모르는 것이 많습니다.

■ □ 개똥벌레의 신비

여름밤에 불빛을 반짝이며 물가나 숲 사이를 날아다니는 개똥벌레(반딧불이)는 어린이들의 호기심을 끄는 곤충의 하나입니다. 개똥벌레는 왜 빛을 낼 수 있을까요? 그들의 불빛에도 열이 날까요? 그들이 불빛 신호를 내는 시간 간격은 일정할까요?

개똥벌레는 딱정벌레에 속하며 세계적으로 종류가 많습니다. 우리나라에는 7종이 알려져 있지요. 그들은 종류에 따라 1~4초 간격으로 빛을 내는 것이 있고, 계속 빛을 내는 것도 있습니다. 그러므로 빛을 내는 간격만 조사해도 그 종류를 짐작할 수 있습니다. 우리나라에 대표적으로 많은 애반딧불이는 2초 정도의 간격으로, 파파리반딧불이는 1.3초의 간격으로, 늦반딧불이는 지속적으로 빛을 내는 종류입니다.

개똥벌레는 암수가 다 복부의 제2, 제3 마디에서 빛을 내는데, 그 빛은 짝을 찾는 신호입니다. 그들은 자기와 같은 시간 간격으로 빛을 내는 상대를 찾습니다. 어둠 속에서 자기의 결혼 상대를 쉽게 찾는 지혜로운 방법이지요.

숲이나 풀밭 위를 날아다니는 반딧불이는 날개를 가진 수컷이고, 땅에서 빛을 내는 것은 날개가 없는 암컷인데, 불빛은 암컷이 더 밝게 냅니다. 개똥벌레가 내는 빛에는 열이 없기 때문에 냉광(冷光)이라 부릅니다. 그들이 냉광을 낼 수 있는 것은 발광 마디 안에 '루시페린'이라는 화학물질을 생산할 수 있기 때문입니다. 이 물질은 산소와 만나면 효소의 작용으로 연한 노랑

빛을 냅니다.

　개똥벌레의 유충은 개천이나 호수에서 자라기 때문에 환경오염이 심하면 살지 못합니다. 우리나라는 근년에 와서 전국적으로 개똥벌레가 귀해지자, 어떤 지방에서는 인공적으로 사육해 '반딧불이 생태공원'을 차려두고 관광객을 불러들이고 있답니다. 농약이나 공해 때문에 발광생물이 모두 사라진다면, 과학자들이 발광생물의 신비를 밝혀내기가 어려워질 것입니다.

■□ 빛을 내는 물고기의 신비

　밤중에 바닷물을 막대기로 휘젓거나 수영하러 들어가면 바닷물이 허옇게 번쩍이는 것을 볼 수 있습니다. 이것은 바닷물속에 사는 수없이 많은 발광박테리아가 내는 냉광 때문입니다.

　육상동물 중에는 발광하는 생물의 종류가 귀하지만, 바다에는 상당히 많은 물고기 종류가 빛을 내고 있습니다. 과학자들의 추측에 따르면 약 1천 종류의 물고기가 발광하고 있다고 합니다. 그런데 물고기에서 나오는 빛은 스스로 내는 빛이 아니라, 그 물고기의 몸에 공생하는 발광박테리아 때문에 나오는 빛인 경우도 많습니다. 오징어의 몸에서 비치는 빛 역시 몸에 묻은 박테리아에서 나오는 것입니다.

　바다 깊이 내려가면 점점 어두워질 뿐만 아니라 조용해지고 추워지며, 살고 있는 생물의 수와 종류가 줄어듭니다. 맑은 바다일지라도 깊이가 600m를 넘으면 거기엔 햇빛이 전혀 도달하지 못하므로, 광합성을 해야 하는 식물은 볼 수 없습니다.

　세계의 바다는 평균 깊이가 약 4,300m쯤 됩니다. 사실상 지구상의 바다는 85% 이상이 전혀 햇빛이 미치지 않는 어둠의 세계입니다. 바다의 표면은 평균 수온이 섭씨 20도쯤 되지만 1,000m 되는 깊은 곳은 5~6도 정도로 낮습니다. 수압까지 높은 깊은 바다는 아무런 생물이 살지 못하는 지옥과 같은 세계로 생각됩니다.

수억 년 전의 바다에는 햇빛이 잘 드는 얕은 곳에 주로 동식물이 살았습니다. 긴 세월이 지나는 동안에 많은 종류의 바다생물이 탄생하여 서로 경쟁하며 살게 되자, 그중 일부 물고기는 생존경쟁이 적은 깊은 곳으로 내려가 살기로 했습니다.

심해에 내려가 삶터를 갖게 된 물고기들은 그들을 노리는 적은 없었지만, 그곳에서 살기 위해서는 춥고 어둡고 수압이 엄청나게 강해도 견딜 수 있어야 했습니다. 그뿐만 아니라 깊은 곳은 그들이 먹어야 할 식량이 귀했습니다. 그래서 그들은 수면 가까이 살던 동물들이 죽어서 가라앉으면 그 시체를 주로 먹게 되었습니다.

■ □ 심해어 중에는 발광어가 많다

이렇게 하여 깊은 바다를 삶터로 선택하게 된 물고기(심해어)들은 매우 진기하고 흥미로운 모습을 가지게 되었을 뿐만 아니라 살아가는 방법도 특이해졌습니다.

잠수정을 타고 깊은 바다로 내려가면 마치 여름밤에 날아다니는 개똥벌레보다 더 신비스런 빛을 내며 헤엄치는 심해어들을 발견하게 됩니다. 이것은 심해어들이 어둠 속에서도 쉽게 동료를 찾고, 산란기에는 멀리 있는 짝을 찾을 수 있도록 발달시킨 적응 방법입니다.

물고기들이 빛을 내는 데는 두 가지 방법이 있습니다. 첫째는 빛을 내는 박테리아(야광충)가 자기의 피부에 붙어살도록 하는 것입니다. 이런 경우, 물고기는 스스로 빛을 내지 않더라도, 피부에 기생하는 야광박테리아 때문에 발광하는 모습으로 보입니다.

두 번째는 개똥벌레처럼 스스로 빛을 내는 것입니다. 심해에 사는 샛비늘치나 헤드라이트 피쉬(headlightfish, lantern fish)는 눈 바로 옆에 상당히 밝은 빛을 내는 발광기관이 있어 빛을 깜박이기도 하고 밝기를 조절하기도 합니다. 별앵퉁이라는 심해어는 몸길이가 6~7㎝인데, 몸 옆에 도끼날 모양의 발광기관을 가지고 있습니다.

심해어는 모두 형태가 괴이합니다. 그들의 입이 터무니없이 커다란 것은 먹이가 귀한 곳에 살기 때문에 무엇이건 먹이만 있으면 큰 입으로 삼켜 배를 채우기 위한 것입니다.

드레곤 피쉬라는 심해어는 아래턱에 긴 수염이 달려 있어요. 이 수염은 그 끝에 불을 켤 수 있습니다. 어둠 속에서 이 수염 끝에 불을 켜고 있으면 다른 작은 심해어가 먹이인줄 알고 접근합니다. 이때를 기다려 드레곤 피쉬는 큰 입을 한껏 벌려 먹이를 얼른 삼킵니다. 이때 입이 벌어지는 각도는 120도나 되지요.

■ □ 발광박테리아와 공생하는 물고기

아라비아와 아프리카 대륙 사이에 있는 홍해에는 포토블파론이라는 조그마한 발광어가 삽니다. 길이가 7~8㎝인 이 물고기는 다른 발광어와 달리 얕은 바다에 사는 유일한 종류입니다. 그래서 이 고기가 헤엄쳐 갈 때는 마치 도깨비불이 물속을 움직이는 것처럼 보이지요.

이 물고기가 빛을 내는 곳은 두 눈 아래에 각각 한 개씩 있습니다. 여기에는 주머니가 있으며 그 주머니 안에 수억 마리의 발광박테리아가 살고 있습니다. 빛이 나는 것은 바로 이 박테리아 때문입니다. 발광어와 박테리아는 서로 도우며 공생하는 것이지요.

얕은 바다에 사는 보통의 물고기에는 발광장치가 필요하지 않는데, 왜 이 포토블파론에게는 빛이 필요할까요? 어둠 속에서 이 물고기가 빛을 깜박이고 있으면, 그 불빛을 보고 작은 새우나 벌레들이 모여들고, 이때를 기다려 물고기는 힘들이지 않고 먹이를 잡습니다.

바다에서도 큰 고기가 작은 고기를 잡아먹는 약육강식의 생존경쟁이 벌어집니다. 작은 물고기가 빛을 내고 있으면 다른 큰 물고기에게 쉽게 발견되어 잡아먹히지 않을까요? 포토블파론은 이런 위기를 교묘하게 피하고 있습니다. 그들은 어떤 위험을 느끼면 곧 불을 꺼버리고 멀리 도망간 뒤 다시 불을 켭니다. 또 그들은 똑바로 헤엄쳐 다니는 것이 아니라 늘 지그재그로 움직입니다. 그래서 큰 물고기가 잡으려 해도 어느 방향으로 가고 있는지 알 수 없어 허탕치기 일쑤입니다.

■ □ 발광생물의 신비를 밝혀내야 한다

물고기를 연구하는 과학자들이 연구용으로 발광어를 잡을 때 제법 어려움을 겪습니다. 접근하면 불을 끄고 도망치므로, 잠수복을 입은 채 깜깜한 물속에서 가만히 정지하고 기다려야 합니다. 떼를 지어 몰려오면 준비해 간 전류를 물속에 갑자기 흘려 기절하도록 만든답니다. 발광어의 살아 있는 모습을 사진 찍으려 해도 같은 방법을 써야 합니다.

이 포토블파론이 내는 빛은 발광생물이 내는 빛 중에서 발광 면적이 가장 넓고 밝아, 한 마리의 빛으로 시계를 볼 수 있을 정도입니다. 보통 때 이들은 1분 동안 3번쯤 불빛을 깜박이는데 위험을 느끼면 75번 정도 점멸하면서 지그재그로 도망갑니다.

어떤 과학자는 발광어가 불빛을 깜박거리는 것이 동료끼리 서로 어떤 신호를 주고 받는 것이 아닐까 하여 실험을 해보았습니다. 그는 거울을 가지고 물속으로 들어갔습니다. 거울을 본 물고기는 그 속에 비친 자신의 불빛을 동료의 불빛으로 생각하여 다가왔으며, 거울에 접근하자 불빛을 깜박이는 속도가 변했습니다. 이런 것을 보면 어떤 정보를 교환하고 있는 것이 분명합니다.

만일 과학자들이 발광하는 생물의 신비를 알아내기만 한다면, 같은 방법으로 냉광을 얻을 수 있게 될 것입니다. 이런 빛은 뜨거운 열이 없기 때문에 에너지 손실이 적고, 불을 밝히더라도 화재 위험이 없습니다.

13. 생물이 만드는 전기의 신비

전기가오리, 전기뱀장어, 전기메기는 전기를 방전(放電)해서 먹이를 잡습니다. 과학자들은 생물의 체내에서 일어나는 이러한 전기현상을 연구하여 그 원리를 이용한 생물전지를 만들려 하고 있습니다. 그중에서는 미생물을 이용한 생물전지 연구도 있습니다.

■ □ 강한 전기를 발생시키는 동물

생물의 몸에서는 여러 가지 전기활동이 일어납니다. 우리 몸은 외부에서 어떤 자극을 받으면 그 신호가 전기 상태로 뇌에 전달되고, 뇌가 어떤 판단을 하여 내려보내는 명령 또한 전기 신호로써 운동기관에 전달됩니다.

병원에서는 환자의 머리나 가슴, 또는 다른 근육에 전선이 연결된 전극을 붙이고 생체 전기의 흐름을 조사하여 건강 상태를 진단합니다. 이것은 인체에 흐르는 미약한 전기를 조사하여 어떤 이상이 있는지 검사하는 첨단의 진단기술이기도 합니다.

동물들 중에는 전기뱀장어처럼 대단히 강한 전류를 발생시키는 것이 있습니다. 어떤 나방은 적외선이나 전자파를 보내고 수신하여 배우자를 찾는 것으로 알려져 있습니다.

생물의 몸에는 산소 분자를 원자 상태로 만드는 효소가 있습니다. 수는 적지만 수소 분자를 수소 원자로 만드는 효소도 있습니다. 하이드로제네이스는 그런 효소의 하나로서, 이를 이용하면 전지를 만들 수 있습니다. 하이드로제네이스는 시궁창이나 늪지, 해저 등에 살고 있는 황산환원균에 포함되어 있어, 이 효소 때문에 황화수소가 발생합니다.

생물이 만드는 전기 역시 수십억 년의 기나긴 진화의 역사 속에서 개발된 것입니다. 과학자들이 생물의 전기에 대해 많은 것을 알아내기만 한다면 생물 전기를 응용하는 길도 다양할 것입니다.

■ □ 전기를 흘려 먹이를 탐지하는 기술

세계에서 가장 많은 물이 흐르는 아마존강 하류는 언제나 상류에서 떠내려오는 크고 작은 각종 쓰레기가 가득합니다. 앞이 보이지 않는 이런 곳에 사는 물고기는 시각이나 후각, 청각, 촉수 따위로는 먹이라든가 결혼 상대를 찾기 어렵습니다.

아마존강의 명물인 전기뱀장어는 강력한 전류를 흘려 먹이를 기절시켜 잡는 고기로 유명합니다. 길이가 2m 정도 되는 전기뱀장어는 500~800볼트(1암페어)의 전기를 짧은 순간에 흘리는 방법을 발전시켰습니다. 이 정도면 백열전등을 잠시나마 켜기에 충분한 전력입니다. 한편 그들은 약한 전류를 끊임없이 흘리며 먹이를 찾습니다.

남아메리카의 강에 사는 '나이프 피쉬'라는 무리에 속하는 100여 종의 물고기도 전기를 흘려 먹이와 결혼 상대를 찾습니다. 또 전류를 흘려 서로 통신도 하고 자기 세력권을 구획하는 것으로 알려져 있습니다.

검은 흙탕물이 흐르는 아프리카 강에도 전기를 내는 물고기가 살고 있습니다. '짐나르치드'라는 150여종의 물고기와 전기메기가 아프리카의 대표적인 전기물고기입니다. 아프리카와 남아메리카 이외의 다른 대륙의 강에서는 전기물고기가 발견되지 않습니다. 그러나 바다에는 전기가오리류와 통구멍류, 다묵장어류가 전기를 낸답니다.

3억 년 전에 살았던 전기물고기 화석도 발견되는 것을 보면, 이들은 일찍부터 물속 생활의 수단으로 전기장치를 진화시킨 것으로 생각됩니다. 소금기가 없는 강물은 바다만큼 전기가 잘 통하지 않습니다. 그런 탓인지 강에 사는 전기물고기들은 고압전류를 내고(전기뱀장어는 500~800볼트, 전기메기는 450볼트), 바다의 전기가오리는 50볼트를 생산한답니다.

전기물고기는 쉬지 않고 약한 전류를 생산하고 있습니다. 전기를 만드는 기관은 많은 수의 전기세포로 이루어져 있으며, 이들은 근육세포가 건전지처럼 연결되어 있습니다. 그들의 발전기관은 체중의 58%를 차지할 만큼 잘 발달되어 있습니다.

■ □ 전기물고기의 초정밀 전류계

전기물고기의 발전기관 구조는 물고기의 종류에 따라 차이가 있습니다. 그러나 전기를 생산하는 원리는 모두 같습니다. 전기물고기들의 전기세포와 발전기관에 대한 연구는 일찍부터 이루어져 많은 지식을 가지고 있습니다. 그러나 아직도 중요한 부분은 모르고 있어, 그들을 모방할 단계에 이르지 못하고 있습니다.

'김나르쿠스'라는 전기어는 1초에 300회 정도 전류를 물속으로 흘리고 있고, 어떤 전기뱀장어는 1초에 1,100~1,600회 전기를 방출합니다. 이렇게 빠르게 전기를 내면 자기 몸 주변에 자기장이 형성됩니다. 이 자기장에 다른 생물이 들어오면 자기장에 변화가 생기고, 그 작은 변화를 감지하여 먹이가 접근한 것을 압니다.

과학자들은 물고기가 전기를 방출해 먹이를 탐지하는 기술을 흉내 내 금속 탐지기를 만들었습니다. 금속탐지기는 외부로 전기를 흘립니다. 만일 그곳에 지뢰라든가 금속 무기, 동전 등이 있으면 탐지기의 자기장에 변화가 생기고, 이 변화에 따라 스피커에서 크고 작은 소리가 나옵니다.

전기가 흐르는 도선 주변에 나침반을 가져가면 바늘의 방향이 흔들립니다. 이것은 전류가 흐르는 도선 주변에 자기장이 만들어지기 때문입니다. 1820년경 덴마크의 과학자 외르스테드가 처음으로 이러한 사실을 발견했습니다. 그러나 물고기들은 수억 년 전에 벌써 이러한 지혜를 발달시키고 있었습니다.

전기물고기들의 자장탐지능력은 감탄을 자아냅니다. 실험에 따르면 수억분의 1암페어라는 아주 미약한 전류를 탐지한답니다. 이들이 쓰는 정교한 탐지장치의 비밀은 앞으로의 연구 과제입니다. 그토록 정밀한 자력탐지장치의 비밀을 알기만 한다면, 우리는 그것으로 땅속에 묻힌 광물을 찾거나, 지극히 미소한 지각의 움직임을 탐지하는 지진예보장치를 만들거나, 지하에 묻힌 배관 등을 찾는 탐지장비로 개발할 수 있을 것입니다.

■ □ 동물이 가진 두뇌의 컴퓨터

최초의 생물은 바다에서 탄생했다고 믿고 있습니다. 생명의 산실인 해수 속에는 온갖 물질이 녹아 있고, 용해된 물질의 상당 부분은 전기를 가진 이온 상태로 있습니다. 해수에 가장 많이 포함된 소금도 나트륨(H^+)과 염소(Cl^-)의 이온 상태로 녹아 있지요. 그 결과 바닷물은 전도체가 되었으며, 그 속에서 탄생한 생물은 전기를 이용하도록 진화해왔습니다.

생물전기학은 생물학에서 매우 흥미로우면서도 그 연구가 어려운 분야이기도 합니다. 생물의 몸속에 흐르는 전기는 외부로부터 오는 자극을 받아들이고, 그 정보를 전달하고, 생각하고, 판단하고, 뇌의 명령을 운동기관으로 전달하는 역할을 담당합니다.

그러므로 수억 년에 걸친 생물의 진화란 '전기신호를 만들고 그것을 전달하는 방법의 진화'라고 말해도 좋을 것입니다. 동물은 전기신호를 전달하는 방법으로 신경세포와 신경섬유를 만들었으며, 전기신호에 담긴 정보를 처리하고 명령하는 장치로써 뇌세포로 이뤄진 '뇌'라는 '생체 컴퓨터'를 진화시켰습니다.

과학자들은 신경세포나 신경섬유, 뇌세포의 구조와 거기서 일어나는 전기적 화학적 현상에 대해 많은 것을 알고 있지만, 현재의 지식으로는 생물의 전기에 대한 신비를 풀기가 부족하답니다.

〈그림 6-13〉 현미경으로 보아야 보일 정도로 가느다란 배선이 얽혀 있는 컴퓨터 칩의 모양입니다. 인간의 두뇌 컴퓨터의 칩은 신경세포들과 신경세포를 서로 연결하는 물질인 신경섬유로 이루어져 있습니다.

6장 최고의 비행사와 항해사가 된 동물

컴퓨터과학이 발달한 오늘날, 인간의 뇌(생체 컴퓨터)에서 일어나는 정보 처리 시스템의 비밀은 과학자들을 애타게 합니다. 뇌에는 컴퓨터와 달리 정보를 저장하는 뚜렷한 기억장치도 없고, 증폭장치나 연결장치도 없습니다. 뇌에는 단지 약 1억 개의 신경세포가 있을 뿐입니다.

뇌의 신경세포는 서로를 연결하는 약 10억 개의 접촉점을 가지고 있습니다. 생체 컴퓨터를 연구하는 과학자들은 신경세포에서 일어나는 신호의 수용, 증폭, 전달, 분석, 종합, 명령 등과 관련한 과학적 현상이 궁금합니다. 오늘날 이런 연구는 분자 수준까지 내려가 진행되고 있습니다.

7장
최고의 모방과학 대상은 미생물

1. 부패박테리아는 지구의 청소꾼

미생물은 그 이름이 주는 느낌과는 달리 다양한 능력을 가지고 있습니다. 예를 들어 곰팡이는 항생물질과 각종 효소를 생산하고, 탄수화물과 단백질과 여러 가지 화합물을 만듭니다. 세균 중에 가장 흔한 부패균은 세상의 온갖 쓰레기를 청소하는 역할을 합니다.

수십억 년이란 긴 진화의 역사 속에서 많은 종류의 미생물이 탄생했습니다. 그 미생물은 여러 가지 환경조건에 잘 적응하여, 살지 않는 곳이 없을 정도입니다. 남극의 얼음 속에도, 온천의 뜨거운 물속에도, 수천 미터 깊은 바다 밑바닥에도 미생물은 살고 있습니다. 그중에서도 미생물이 가장 많이 사는 곳은 토양 속입니다.

마당의 흙을 작은 티스푼으로 하나 떠서 그것을 현미경으로 조사하면, 거기에서는 적어도 100만 개의 효모(뜸팡이), 20만 개의 실처럼 생긴 곰팡이, 1만 마리의 원생동물(아메바 따위), 그리고 10억 개 이상의 각종 박테리아를 찾아낼 수 있습니다.

지구상에서 가장 많이 사는 생물은 바로 박테리아입니다. 그들이 없는 곳은 없다고 할 정도입니다. 엄마의 젖 속에도, 의사의 손에도 박테리아는 있습니다. 미생물학자의 조사에 의하면, 우리 몸은 언제나 100g 이상의 박테리아를 운반하고 다닙니다. 이 가운데 수십억 마리는 몸의 장 속에서 소화를 도와주고, 또 일부는 칫솔이 미치지 않는 이빨 사이에서 구멍을 뚫습니다.

흙 속에는 무슨 이유로 그토록 많은 박테리아가 있을까요? 토양의 박테리아 가운데 가장 많은 것은 식물과 동물의 시체를 썩게 만드는 '부패박테리아'입니다. 만일 부패박테리아가 없다면, 세상에 버려진 엄청난 쓰레기는 몇 해가 지나도 그대로 있을 것입니다. 가을에 나무에서 떨어진 낙엽은 물론, 동식물의 시체도 그냥 그대로 있을 겁니다. 부패박테리아는 세상의 쓰레기를 분해하여 다시 흙으로 돌려보내 식물의 비료로 만드는 지구의 청소꾼입니다.

2. 광산 폐수에서 시안화물을 제거하는 박테리아

사람들은 오래 전부터 가축을 기르고 농작물을 재배해 왔습니다. 지금은 물고기와 조개, 굴 등을 양식하기도 하고, 누에와 같은 곤충을 기르며, 버섯을 재배하고 심지어 박테리아까지 생산하여 이용합니다. 앞으로는 미생물이 중요한 생체모방과학의 연구 대상입니다.

독약은 목숨을 잃게 하거나 몸을 상하게 하는 화학물질을 말합니다. 이런 맹독성 화학물질 가운데 청산염 또는 시안화물이라는 물질이 있습니다. 이 독물은 바로 독사의 이빨에서 나오는 물질이며, 화학무기인 독가스의 성분이기도 합니다.

금을 생산하는 광산에서는 순수한 금을 뽑아낼 때 시안화수소를 이용하기 때문에, 그 폐기물(청산염)이 물에 섞여 나오게 됩니다. 미국 사우스다코타주의 화이트우드에는 100년이나 되는 홈스테이크라는 금광산이 있었습니다. 이 광산에서는 청산염 폐수가 흘러나왔기 때문에 그 아래의 냇물은 식수로 쓰지 못하고, 물고기조차 살지 않았습니다.

광산 폐수가 근처 마을 사람의 생명을 오래도록 위협해 왔지만, 주민들은 이 광산을 폐쇄하자고 주장할 수 없었습니다. 왜냐하면 이곳에서 생산되는 금의 양이 많아, 광산이 문을 닫는다면 당장 주민의 경제생활에 큰 타격을 받을 것이었기 때문입니다.

홈스테이크 광산의 수입이 아무리 좋다 하더라도 청산염을 계속 흘려보내 그 지역의 땅과 강을 못 쓰게 만들 수는 없었습니다. 1985년경 이 광산에 화이트록이라는 화학자가 일하게 되었습니다. 그의 임무는 광산 폐수에서 청산염을 경제적으로 제거하는 방법을 찾아내는 것이었습니다.

화이트록은 광산 폐수가 흐르는 물을 떠다 그 속에 살고 있는 생명체를 조사했습니다. 동물이라고는 어떤 종류도 살지 않았는데, 유일하게 특별한 박테리아가 발견되었습니다. 놀랍게도 그 박테리아는 폐수 속의 청산염을 먹으며 번식하는 종류였습니다.

　화이트록은 광산 폐수를 모은 큰 탱크에 그 박테리아가 살도록 했습니다. 얼마큼 시간이 지나자 그 물에는 독성분이 거의 없어졌습니다. 박테리아들이 유독물질을 모두 먹어 무독한 물질로 분해시킨 것이었습니다. 이런 종류의 미생물을 '청산염박테리아'라고 부릅니다.

　오늘날 이 광산이 있는 곳의 냇물은 물고기들이 다시 번성하고 있으며, 낚시꾼들은 송어를 잡고 있답니다. 이 강물이 과거처럼 깨끗해질 수 있게 된 것은 광산에서 흘러나온 폐수를 모은 탱크에 청산염을 분해하는 박테리아를 키웠기 때문입니다.

　그러나 이 청산염박테리아가 어떤 방법으로 독물질을 분해하는지 그 과정을 알지 못합니다. 만일 그것을 알게 된다면, 우리는 청산염이 포함된 폐수는 물론, 청산염 독가스를 해독하는 방법도 알게 될 것입니다.

3. 인공 눈을 만들 때 뿌리는 세균의 단백질

1994년 노르웨이에서 열린 동계 올림픽 때, 스키장 슬로프에 깔린 눈은 전부 인공 눈이었습니다. 일반적으로 스키 리조트에서는 눈이 충분히 내리지 않아도 날씨만 영하로 내려가면 슬로프에 인공 눈을 뿌려 스키어들을 불러들이고 있습니다.

인공 눈을 만들 때는 스노건(Snowgun)이라는 거대한 분무기로 저장된 물을 공중을 향해 뿜습니다. 스노건에서는 물이 안개처럼 되어 하늘 높이 오릅니다. 이 수분이 찬 공기를 만나 얼면서 작은 눈이 되어 쌓입니다. 인공 눈이 충분히 덮이면 이를 적당히 슬로프에 깔지요.

노르웨이 동계 올림픽 경기장에서 슬로프에 인공적으로 눈을 깔 때는 '슈도모나스 시린가에'라는 박테리아를 대규모로 배양하여 추출한 '스노맥스'라는 단백질 분말을 섞어 스노건으로 뿜었습니다. 이렇게 하면 일반적인 인공 눈 제조법보다 질이 좋은 눈을 2배나 많이 생산할 수 있었습니다.

자연적으로 빗방울이나 눈이 형성될 때는 중심에 작은 핵이 있어야 그 주변에 수분 입자가 들러붙을 수 있습니다. 자연에서는 먼지와 화산재, 바닷바람에 날아오른 소금 입자 등이 핵이 되어 눈의 아름다운 육각형 결정을 만들게 되지요. 만일 증류수증기를 공중으로 뿜어 올린다면 섭씨 영하 40도가 되어도 눈이 결정되지 않는답니다.

일반 스키 리조트에서 인공 눈 제조에 쓰는 지하수나 강물에는 이미 많은 먼지가 들어 있기 때문에 따로 핵이 될 먼지를 섞지 않아도 눈이 됩니다. 그러나 박테리아에서 추출한 스노맥스 단백질을 섞어 분사하면 눈 결정이 더 잘 형성되고 또 눈이 건조하여 설질(雪質)이 좋답니다.

이 인공 눈 제조법은 캘리포니아 대학의 스티브린도가 개발했습니다. 그는 농작물에 서리가 내리는 것을 방지하는 방법을 연구하던 중 인체에 해가 없는 '시린가에' 박테리아에서 뽑아낸 단백질 입자를 핵으로 뿌리면 근처의 수분이 단백질 입자에 달라붙어 쉽게 눈이 된다는 사실을 알게 되었습니다.
　이러한 그의 발견으로, 추위가 가까이 올 때 인공 눈을 만들어 공기 중의 습기를 미리 줄인다면 서리의 피해를 막을 수 있게 되었습니다. 이 방법은 곧 인공 눈 생산에 쓰이게 되었지요. 오늘날 세계 여러 나라의 스키장에서는 대량으로 배양한 이 박테리아의 단백질로 인공 눈을 만들고 있습니다.

7장 최고의 모방과학 대상은 미생물

4. 공해물질을 청소하는 박테리아

산업이 발달하면서 온갖 종류의 공해현상과 공해물질이 생겨나고 있습니다. 공장이나 산업시설에서 나오는 공해물질을 효과적으로 분해하는 방법으로 미생물을 이용하기 시작했습니다.

미생물이라고 말하면 우리는 병을 일으키는 병균들을 먼저 생각합니다. 그러나 인류는 예로부터 여러 종류의 박테리아를 마치 가축처럼 길러 이용해 왔습니다. 메주박테리아가 그렇고, 김치를 익게 하는 유산균박테리아, 술을 발효시키고 빵을 맛있게 부풀리는 효모, 치즈를 만드는 박테리아 등은 모두가 사람이 길러 이용해온 미생물이지요.

의학연구소에서는 항생물질을 생산하는 푸른곰팡이와 같은 미생물을 여러 가지 배양하고 있습니다. 전염병 예방 주사약을 생산하는 곳에서는 각종 전염병균을 배양하고요. 콜레라균, 장티푸스균, 결핵균, 뇌염 바이러스 등은 모두 특별한 시설에서 키우고 있는 세균이랍니다.

오늘날 연구소에서 기르는 미생물 종류가 날로 다양해지고 있습니다. 미국의 '세균 은행'에는 약 6만 종의 각종 미생물을 냉동실에 보관하고 있다고 합니다. 과학자들은 이 세상에 없던 새로운 종류의 미생물을 만들어 낼 기술도 가지고 있습니다. 그것은 생물공학(바이오테크놀로지 BT)이 발달한 결과입니다.

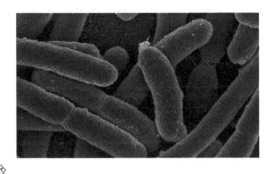

〈그림 7-1〉 유전자공학기술을 이용해 인슐린을 생산하도록 대장균을 변형하여 당뇨병 환자를 치료할 수 있게 되었습니다.

■ □ 공해물질을 먹는 박테리아

유조선이 바다에서 난파하여 기름을 쏟거나, 달리던 유조차가 넘어져 기름을 쏟는 사고가 수시로 일어납니다. 선박이라든가 자동차에서 한 방울씩 바다와 땅에 떨어지는 기름의 양도 전부 합치면 막대합니다.

과학자들은 석유를 먹고 사는 박테리아를 대량 배양하여 석유가 쏟아진 바다나 강 또는 땅에 뿌려 그들이 기름을 분해함으로써 기름이 빨리 제거되게 하는 방법을 연구하고 있습니다.

석유를 분해하는 박테리아를 대규모로 배양하여 이용하려는 거지요. 그러한 석유박테리아는 이미 많은 종류가 발견되었으며, 과학자들은 보다 효과적으로 석유를 먹어치우는 종을 개량해내는 연구를 하고 있습니다.

공장 폐수란 공장에서 약품이나 제품을 생산할 때 사용하고 버리는 물입니다. 그 폐수에는 유해한 화학물질 섞여 있습니다. 부엌, 세탁실, 화장실 등에서 나오는 가정 폐수에도 공해물질이 들어 있습니다. 이런 폐수를 쉽게 정화할 수 있다면 얼마나 좋을까요.

폐수 속에 포함된 공해물질과 유해물질을 없애기 위해 오래 전부터 박테리아를 이용하고 있으며, 더 효과적인 방법을 꾸준히 연구하고 있답니다. 사실 우리가 기대할 수 있는 이상적인 폐수 정화 방법은 박테리아를 이용하는 길입니다. 하수종말처리장에서 더러워진 물을 정화하는 주인공은 바로 부패박테리아를 비롯한 여러 가지 미생물입니다.

병을 일으키는 박테리아 때문에 수많은 사람이 목숨을 잃기도 하고 고생을 하지만, 인간은 박테리아 없이는 살 수 없습니다. 왜냐하면 우리가 필요하지 않다고 생각되는 것을 없애 주는 능력을 박테리아가 가졌기 때문이지요.

7장 최고의 모방과학 대상은 미생물

5. 미생물의 몸은 가장 효율적인 화학공장

미생물의 몸에서 어떤 물질이 생산될 때는 아주 효과적으로 이뤄집니다. 생물의 세포는 고등생물의 것이든 미생물의 것이든, 최소의 에너지를 소비하면서 최적의 방법으로 필요한 화합물을 합성하거나 분해하도록 되어 있습니다. 미생물의 몸속 화학공장이야말로 현대 기술이 만든 어떤 공장보다 우수한 능력을 가진 시설임에 틀림없어요.

미생물의 몸에는 음식을 소화하는 기관이라고 할만한 게 없습니다. 그 때문에 그들은 생존에 필요한 영양소가 있는 곳에서만 번식합니다. 미생물은 몸을 둘러 싼 세포막을 통해 직접 영양분을 흡수합니다. 미생물이라도 살아가려면 각종 영양소가 있어야 합니다. 단백질이나 전분을 필요로 하는 것이 있는가 하면, 공기 중의 질소를 원하는 것이 있고, 어떤 것은 이산화탄소를, 또는 유황이 포함된 유황가스를 소비하는 미생물들도 있답니다.

미생물을 이용하는 산업공장이나 연구실에서는 필요한 영양소를 혼합한 배양액 속에 미생물을 넣고 길러, 원하는 약품이나 식품 또는 공업원료를 얻고 있습니다. 미생물을 이용하는 산업에 대한 과학자들의 기대는 대단합니다. 왜냐하면 미생물만큼 번식 속도가 빠르고, 다종다양한 물질을 합성할 수 있는 능력을 가진 생물이 없기 때문입니다.

예를 들어, 술을 며칠 두면 그 안에 초산박테리아가 번식하여, 술은 차츰 식초(초산)로 변합니다. 그런데 공장에서 부탄을 산화하여 초산을 제조하려면, 산성물질에 변질되거나 녹아버리지 않는 특수강으로 만든 용기 안에서 50~60기압의 고압과 150~170도의 고온 조건을 갖추어야 합니다. 초산박테리아는 특수강도 아닌 생체 속에서, 낮은 온도와 기압 조건에서 수월 하게 알코올을 초산으로 변화시킵니다.

단 1개의 세포로 구성된 미생물이지만, 그들이 지금의 능력을 가지게 되기까지는 수십억 년이란 시간이 걸렸답니다. 이런 사실을 생각할 때 미생물이야말로 진화의 걸작이 아닐 수 없습니다. 그러므로 우리는 미생물의 체내에서 일어나는 화학변화의 신비를 알아내고, 그 지식을 활용하는 방법을 끊임없이 연구하지 않을 수 없습니다.

■ □ 미생물 공업 시대가 열리고 있다

미생물이 가진 독특한 능력에 대한 연구가 여러 방향에서 진행되고 있습니다. 그중 하나는 미생물의 힘을 직접 빌려 중요한 화학물질을 대량생산하는 연구입니다. 예를 들면, 미생물을 이용하지 않고는 얻을 수 없는 각종 항생물질과 비타민, 효소, 의약품 등을 생산하는 것입니다.

부신피질호르몬의 일종인 '코르티손'이라는 의약품은 미생물을 이용한 결과, 그 제조공정이 간단해져 가격이 100분의 1로 떨어졌습니다. 또 당뇨병 환자들의 치료약인 '인슐린'도 1980년대 이후 훨씬 저렴해졌습니다.

당뇨병이란 몸의 췌장에 이상이 생겨 인슐린을 정상적으로 생산하지 못하는 병이지요. 미생물학자들은 유전공학적인 방법으로 인슐린을 생산할 수 있는 특수한 대장균을 만들었습니다. 오늘날은 이 대장균을 대량배양하여 그 분비물에서 의약으로 쓸 인슐린을 추출하고 있답니다.

생명과학자들이 맡은 중요한 과제 중에는 인류를 위한 식량 확보라는 큰 문제가 포함되어 있습니다. 사람은 대개 하루에 1,000g의 단백질을 먹어야 합니다. 신체는 섭취한 단백질의 대부분을 몸을 구성하는 데 소비하고, 에너지를 얻는 데는 탄수화물과 지방을 주로 씁니다.

생물학자들은 단기간에 식량을 대량생산하는 방법을 찾고 있습니다. 단기대량생산이란 농장이나 목장, 바다에서 식품을 얻는 것이 아니라 미생물을 대규모로 배양하는 공장에서 얻는 것입니다. 모든 생물 중에서 단백질 합성 능력이 가장 좋은 것이 미생물이지요. 그들의 번식이나 생장 속도는 굉장히 빨라 조건만 적당하다면 효모균의 경우 1시간마다 배로 증가할 수 있습니다.

6. 미생물로 식량을 생산하는 연구

소나 양, 토끼 등 풀을 먹는 포유동물의 위 속에는 섬유소를 소화하는 세균이 공생하고 있습니다. 이 동물들은 세균으로 인해 영양가가 적은 사료를 먹어도 충분히 살아갈 수 있습니다. 섬유소 분해 세균을 잘 이용한다면 우리는 나무나 풀을 영양가 풍부한 식품으로 만들 수 있게 됩니다.

■ □ 흰개미의 소화기관에 사는 미생물

풀을 먹는 포유동물과 곤충은 대개 잎을 먹습니다. 그러나 흰개미는 스스로 소화시킬 수도 없는 딱딱한 나무 자체를 먹습니다. 그들이 먹는 나무(목재)란 식물의 죽은 세포입니다. 나무의 주성분은 좀처럼 분해되거나 소화되기 어려운 섬유소와 '리그닌'이라는 물질입니다. 목재 성분의 약 4분의 1을 차지하는 리그닌은 식물의 세포벽을 구성하고 있으며, 목재를 단단하게 해주는 작용을 합니다.

흰개미는 종류에 따라 나무를 소화하는 두 가지 방법을 진화시켰습니다. 첫째는 그들의 소화기관 속에 섬유질을 분해하는 미생물(원생동물류)이 살도록(공생하게) 함으로써, 미생물들이 섬유소를 분해하여 당분으로 변화시켜주면 그것을 섭취하는 것입니다.

두 번째 방법은, 버섯을 키우는 특수한 흰개미에서만 볼 수 있습니다. 이 종류의 흰개미는 집 속에 나뭇잎을 모아두고 거기에 버섯이 자라도록 합니

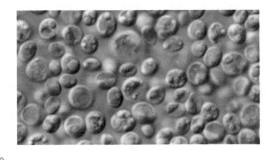

〈그림 7-2〉어항의 물이 녹색으로 바뀌는 것은 그 속에 사진과 같은 녹색 조류가 번성하기 때문입니다. 이러한 녹조를 모아 적절히 가공하면 필요한 영양분을 가진 식품을 만들 수 있습니다.

다. 나뭇잎에서 자란 버섯은 부드러워 소화가 잘되므로 좋은 먹이가 됩니다. 버섯을 재배하는 흰개미 종류는 많지 않습니다.

과학자들은 흰개미의 소화기관 속에 사는 미생물의 소화 방법을 연구하고 있습니다. 연구 대상은 흰개미가 아니라 실제로는 목재를 분해하는 미생물(원생동물)이지요. 이런 미생물은 초식동물의 소화기관에서도 같은 역할을 합니다.

과학자들은 미생물이 목재(섬유소와 리그닌)를 분해(소화)하도록 어떤 효소를 어떻게 만드는지 화학적 과정을 밝혀내, 미생물과 같은 방법으로 인공 합성한 효소를 써서 나무와 풀을 분해해 영양분(주로 포도당과 같은 당분)을 생산하려 합니다.

■ □ 효모를 식량으로 하는 연구

포도껍질이나 곶감 표면에 생긴 하얀 가루는 효모(이스트)가 포도나 곶감의 당분을 먹고 자란 것입니다. 신 김치 표면에 뜨는 하얀 물질도 효모가 불어난 것입니다. 빵을 만들 때 이스트 파우더(효모가 들어 있음)를 섞으면 빵 속에 기포가 많이 생겨 먹기 부드러운 빵이 됩니다.

이런 효모는 먹어도 이상이 없고, 여러 가지 영양분과 비타민까지 포함하고 있습니다. 그러므로 효모를 경제적으로 대량 배양할 수 있으면 가축의 사료나 사람의 식량이 될 수 있습니다.

소나 돼지, 닭 등을 키워 살코기나 알을 얻으려면, 먼저 가축에게 사료를 먹여야 합니다. 가축 사육에는 힘도 많이 들지만 먹여야 하는 사료 양도 적지 않습니다. 그러면 풀과 나뭇잎을 사람이 필요로 하는 단백질, 지방, 탄수화물, 비타민 등으로 직접 변화시킬 방법은 없을까요?

가축의 사료를 영양가 높은 식품으로 직접 변화시키려면 두 가지 연구가 필요합니다. 첫 번째는 동물의 사료를 먹고 불어난 효모를 찾아내는 것입니

7장 최고의 모방과학 대상은 미생물

다. 그런 효모가 개발되면 그 효모를 사료에 넣어 배양한 뒤 효모만 걸러 냅니다. 이렇게 얻은 효모를 기계 또는 화학적인 방법으로 처리하여 필요한 영양분을 분리해 내는 것입니다. 이렇게 하면 알약처럼 정제된 영양제환을 얻을 수 있습니다.

실제로 과학자들은 효모환을 만들어 보았습니다. 그것은 특별한 맛이 없는 가루였지만 밀가루처럼 조미료와 향료를 첨가해 요리하면 괜찮은 식품이 될 가능성도 있었고, 포장해서 저장할 수도 있었습니다.

효모를 모아서 만든 식품은 약 100년 전에 이미 특허가 났는데, 조미료나 향료에 따라 생선 맛이나 쇠고기 맛을 내기도 한답니다. 이 효모 식품은 영양가가 높은 식품이어서, 콩으로 만든 쇠고기처럼 인조육(人造肉)의 하나로 취급하지요.

검은 원유 속에 포함된 탄소화합물을 먹고 증식하는 석유박테리아에 대해 연구하는 미생물학자도 있습니다. 이 방면의 연구는 상당히 진전되어 원유, 석유 폐기물, 천연가스 등을 먹는 석유 효모의 품종개량이 진행되고 있습니다.

미래를 예견하는 과학자들은 앞으로 미생물의 세기가 올 것이라고 말합니다. 미생물을 잘 이용함으로써 식량을 생산하고, 오염된 환경을 정화하며, 금, 은, 코발트, 철, 니켈, 우라늄 등의 광물을 얻고, 석유, 천연가스, 황 등도 얻으며, 생물전기 방식으로 전력도 얻을 수 있게 될 것이기 때문입니다.

또 그때는 새로운 미생물발전소가 건설되고, 미생물을 이용하는 각종 식품공장도 건설될 것입니다. 나아가 오랫동안 인간을 괴롭혀온 미생물에 의한 인간의 질병은 물론, 가축이나 농작물의 병도 훨씬 더 간단히 해결할 수 있게 되리라 기대됩니다.

7. 미생물을 이용한 광물채취

미생물이 철광산을 만들기도 한다고 하면 잘 믿어지지 않습니다. 그러나 세계의 철광산 중에는 미생물이 만든 광석을 파내는 곳도 있답니다.

■ □ 철광산을 만드는 철세균

물은 철광석이나 암석에 포함된 일산화철을 녹일 수 있습니다. 그래서 온천수 속에는 철분이 녹아 있지요. 미생물 중에는 물에 녹은 철분을 물에 녹지 않는 수산화철로 바꿔 놓는 것이 있습니다. 이러한 미생물의 작용으로 수산화철이 어딘가에 수천 년 쌓이면 철광산이 됩니다.

우리 몸에도 철이 상당량 들어 있습니다. 특히 적혈구를 이루는 헤모글로빈 속에는 반드시 철이 들어 있습니다. 한 사람의 몸에 포함된 철의 무게는 약 4.5g 정도입니다.

세계적으로 유명한 여러 철광은 세균 작용에 의해 형성된 것입니다. 이밖에 해저에 생긴 철, 망가니즈 덩어리 등도 미생물의 작용에 의해 형성된 것입니다.

■ □ 금광을 만드는 금세균

아프리카 세네갈 공화국의 이와라 강가에는 금이 산출되는 '이치힐'이라는 곳이 있습니다. 이곳에서 산출되는 금은 입자의 크기가 1미크론(1,000분의 1㎜) 정도인데, 광맥이 너무 흩어져 있기 때문에 생산성은 없습니다. 이치힐 금광맥은 깊이 파들어 가도 바닥이 나오지 않아 이상하게 여겼는데, 결국 그 금광은 금을 분해하는 세균활동에 의해 형성된 것임을 알게 되었습니다.

■ □ 바닷물에 포함된 광물을 미생물로 채취

바다에서도 미생물을 이용하여 철, 금, 황, 우라늄 등을 얻으려고 계획하고 있습니다. 지구가 가진 자원의 3분의 2는 해저에 잠자고 있습니다. 과학자들의 추정에 따르면 망가니즈 덩어리가 1조 톤, 인석회 단괴(인산염 22~32% 포함)가 1,000억 톤, 장차 생석회를 대신할 시멘트 원료가 될 흙이 1,000조 톤이나 있다고 추정하고 있습니다.

바닷물에서 여러 금속을 채취하는 일은 이제 현실입니다. 전 세계의 바다에 고여 있는 해수 속에는 1조 톤의 5만 배나 되는 염류(소금을 비롯한 기타 광물질)가 포함되어 있지요. 바닷물속의 물질을 전부 육상에 올려놓는다면 두께가 200m나 될 것이랍니다. 그리고 거기에는 거의 모든 종류의 원소가 포함되어 있습니다.

또 바닷물에는 원자력에너지의 연료인 우라늄도 포함되어 있습니다. 함유량은 적지만 해수량 전체를 놓고 보면 40억 톤에 달합니다. 그리고 해수에 포함된 금은 100억 톤에 이르는 것으로 추산되고 있습니다.

바다는 이처럼 광물자원의 거대한 보고이지만, 인류는 이 보물창고의 극히 일부만을 이용하고 있을 뿐입니다. 깊은 바다의 자원을 개발하는 것은 더욱 어렵습니다. 그래서 과학자들은 해저에 광물을 채취할 로봇을 내려보내는 대신, 미생물을 이용하여 해양자원을 얻는 채광산업을 개척하려 합니다.

바다에 사는 미생물들은 해수에 용해된 각종 원소를 흡수하고 그것을 체내에 축적하는 능력을 가지고 있습니다. 어떤 미생물은 바닷물에서 마그네슘이나 칼슘을 축적했다가 죽어 침전됨으로써 해저에 두터운 마그네슘과 칼슘 층을 만듭니다. 어떤 미생물은 세슘이나 방사성원소도 축적한답니다.

■ □ 유황박테리아로 유황을 생산한다

황(유황)은 화학반응을 잘 일으키는 물질이기 때문에 공업에서 가장 많이 이용되는 물질의 하나입니다. 황은 지구상에서 산소와 규소 다음으로 풍부한 물질입니다. 암석 속에도 있고, 석유 속에도 들어 있으며, 온천수나 화산 연기에도 함유되어 있습니다. 연탄이 탈 때 나오는 고약한 냄새는 황이 불타(산화하여) 생긴 이산화황의 냄새입니다.

오늘날 공업이 발달할수록 유황의 사용량이 늘어나면서 세계의 황광산은 마치 원유처럼 점점 바닥을 드러내고 있습니다. 그리고 황세균(황박테리아)을 이용하여 황을 생산하는 연구가 진전되고 있습니다. 황세균은 물이나 암석, 석유, 천연가스 속의 황을 흡수하여 이용하고, 그것을 축적하여 침전시키기 때문입니다.

유황세균에 의해 황 침전이 일어나고 있는 호수로 잘 알려진 곳은 북아메리카의 '아이네스 자우야' 호수입니다. 이 호수의 바닥에는 두께 20㎝의 유황이 깔려 있다고 합니다.

멕시코의 빌라루즈 동굴 속에는 지하에서 솟아오른 황화수소를 먹고 사는 박테리아가 주인공이 되어 놀라운 생명의 세계를 이루고 있습니다. 빛이라고는 없는 캄캄한 어둠 속에서 유황박테리아는 식물이 태양빛으로 광합성을 하듯이, 황화수소를 에너지원으로 해서 영양소를 만들며 번식합니다. 그 결과 동굴 곳곳에 유황이 쌓이기도 합니다.

한편 동굴 속에는 황박테리아를 먹고사는 곤충과 물고기를 비롯하여, 소라, 거미, 게, 말미잘, 박쥐들까지 살아가는 특수한 생명의 세계가 펼쳐지고 있습니다. 이처럼 황을 에너지로 하여 번성하는 생명의 세계는 해저온천수가 솟는 수천 미터의 깊은 해저에서도 전개되고 있습니다('9-3. 고압과 어둠의 심해저에 사는 생명' 참조).

지구가 처음 생겨났을 때 지구를 덮은 대기 중에는 황화수소가 매우 많았습니다. 그때 이미 황을 먹는 생명체가 생겨났으며, 이들은 지금까지 태양이 미치지 않는 동굴이나 해저 깊은 세계에서 지상의 생명체와는 다른 방법으로 살아가는 세계를 진화시켜온 것입니다.

황을 먹고사는 이런 생명체를 보면, 태양빛이 지구만큼 미치지 못하는 다른 우주의 행성에도 생명체가 살고 있을 가능성을 더욱 크게 합니다.

미생물의 세계가 이처럼 신비하고 이용할 가치가 많음에도 불구하고 미생물에 대해 우리가 알고 있는 지식은 아직 미미합니다. 앞으로 우리들이 해야 할 중요한 연구 과제가 아닐 수 없습니다. 지상에서 얻던 광물자원이 바닥나기 전에 우리는 철, 황, 우라늄은 물론 구리, 니켈, 코발트, 금, 은, 백금 등에 이르기까지 거의 모든 지하자원을 미생물을 이용해서 얻어야 할 것입니다.

8. 플라스틱을 분해하는 미생물

농장이나 골프장에서 농약을 대량 사용하여 병을 예방하고 해충을 없애는 것까지는 좋았으나, 그 결과 다른 익충과 천적을 동시에 죽이고 농약 잔여물질이 토양에 들어가 토양오염이라는 심각한 문제를 낳고 있습니다. 환경오염을 막는 방법으로 미생물을 이용하는 연구가 활발히 진행되고 있습니다.

토양이 심하게 오염되면 동식물과 인간을 위협할 뿐만 아니라 농작물의 성장에도 지장을 줍니다. 과학자들은 토양에 섞인 농약을 제거할 방법을 찾던 중 미생물을 이용하는 것이 효과적임을 알았습니다.

어떤 미생물들은 농약물질을 독성이 없는 물질로 변화시켜 버립니다. 그러므로 토양에 뿌려진 살충제 성분을 효과적으로 분해하는 미생물을 연구하는 것은 아주 중요한 일입니다.

도시의 인구가 팽창하고 공장에서 만드는 제품의 양이 증대함에 따라 생겨나는 폐기물처리는 큰 문제입니다. 폐기물 중에서 대표적인 것이 플라스틱입니다. 플라스틱을 없애려고 불로 태우면 유독한 가스가 발생하여 공기를 오염시키고 악취를 냅니다.

플라스틱은 썩지 않아 자연적인 분해가 어렵습니다. 이 문제에 대해서도 과학자들은 미생물에게 도움을 청하고 있습니다. 플라스틱을 먹어 없애는 미생물을 육성할 수 있다면 플라스틱 폐기물을 세균으로 해결할 수 있을 것이기 때문입니다.

다행히도 세균 중에는 하수나 해수에 포함된 유해물질을 분해하는 세균, 물 위에 뜬 석유를 분해하는 세균, 강물을 오염시키는 합성세제를 분해하는 세균 등이 있습니다. 이런 공해물질 분해 세균은 유전공학적인 연구로 그 능력을 향상시킬 수 있을 것입니다.

9. 콩과식물의 질소고정균을 이용

질소고정균이란 공기 중의 질소를 변화시켜 질소비료로 만드는 세균을 말합니다. 질소비료 제조 능력을 지닌 미생물을 잘 이용하면, 비료 값이 적게 드는 무공해 농업기술을 발전시킬 수 있습니다.

전 인류가 배불리 먹을 수 있도록 하기 위해 과학자들은 생산성이 높고 병충해에 강한 종자를 개발하고, 농업기술을 개선하며, 더 넓은 농토를 확보하도록 노력해 왔습니다.

수확량이 많은 좋은 품종을 개발하여 그것을 재배하려면, 그에 맞도록 더 많은 비료를 공급해야만 생산량이 늘어날 수 있습니다. 그러자면 비료의 생산량을 확대해야 합니다.

과학자들은 비료공장을 증설하는 것만으로 이 문제를 해결하려 하지 않습니다. 토양 속에는 비료를 만드는 미생물이 살고 있으므로, 이 미생물을 잘 이용한다면 비료 값을 절약할 수 있을 것이기 때문입니다.

비료 중에서도 가장 많이 사용되는 것은 질소비료입니다. 식물의 생장에 필수적인 것은 태양빛과 물 그리고 질소이지요. 공기 중에는 질소가 80%나 들어 있지만 식물은 이 질소를 그대로는 흡수하지 못해요. 식물은 수소와 질소가 결합된 암모니아나 산소와 질소가 결합한 산화질소만 영양분으로 흡수할 수 있습니다.

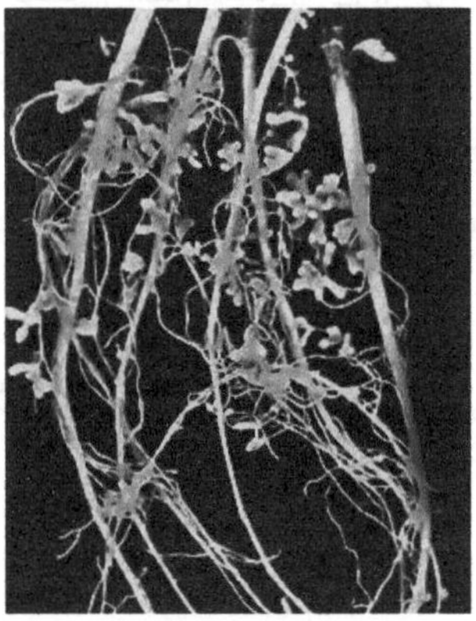

〈그림 7-3〉 콩과식물의 뿌리에 뿌리혹박테리아가 사는 혹이 가득 매달렸습니다. 뿌리혹박테리아가 뿌리의 세포에 붙으면 이러한 혹 모양의 조직이 생겨나고, 박테리아는 혹 안에서 대량 증식합니다.

질소비료의 제조법은 1세기 전에 알려졌습니다. '하베르 보쉬 방법'이라는 제조법은 질소와 수소를 섭씨 550도에서 결합시켜 암모니아로 만듭니다. 이런 인공적 화학결합에는 200기압의 고압과 금속 촉매가 필요합니다. 그러므로 이 방법으로 암모니아를 생산하려면 많은 연료를 소모해야 합니다. 그래서 석유 값이 오르면 질소비료 값도 전 세계적으로 뛰게 마련입니다.

■ 미생물 몸속의 질소비료 공장

콩, 땅콩, 알팔파와 같은 콩과식물 뿌리에는 흰색의 작은 혹이 여러 개 매달려 있습니다. 이 혹 속에는 '리조비움'이라는 박테리아가 가득 살고 있습니다. 리조비움은 높은 온도나 고압, 촉매제 없이 보통의 온도와 기압(상온 상압)에서 질소비료를 만드는 능력을 가지고 있습니다.

이 박테리아는 공기 중의 질소를 몸속으로 끌어들여 암모니아로 만들고, 이 암모니아를 변화시켜 아미노산(단백질의 원료)을 만듭니다. 콩과식물의 뿌리는 이들에게 생활터를 빌려준 대가로 상당량의 암모니아를 얻어 자신의 아미노산 생산에 이용하지요. 이처럼 콩과식물과 리조비움은 서로 도우며 사는 공생 관계입니다.

중국의 농부들은 기원전 4세기 이전부터 콩과식물과 비콩과식물을 교대로 심는 방법(윤작이라 함)을 알고 있었습니다. 예를 들면, 밀을 심었다가 거둔 토양에는 질소비료가 소모되어 비료분이 부족해집니다. 이런 밭에 콩과식물인 알팔파를 재배한 뒤 그대로 갈아엎어 두면, 토양미생물이 알팔파를 분해시키므로 토양은 다시 질소비료가 가득해집니다.

그런데 과학자들은 왜 리조비움이 꼭 콩과식물의 뿌리에만 공생하는지 그 이유를 모릅니다. 그뿐만 아니라 콩과식물의 종류가 다르면, 왜 각기 다른 종류의 리조비움이 공생하는지 그 이유도 알지 못하고 있습니다.

7장 최고의 모방과학 대상은 미생물

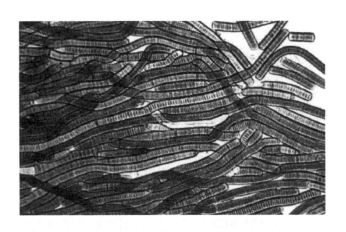

〈그림 7-4〉 남조류라고 부르는 사진의 미생물은 마치 콩과식물의 뿌리혹박테리아
처럼 공기 중의 질소를 질소비료로 만듭니다. 이러한 미생물을 잘 이용하면 공해 없
이 비료를 생산할 수 있을 것입니다.

다만 콩과식물에 생기는 '레시틴'이라는 영양물질과 리조비움 사이에 어
떤 관계가 있다는 것은 알고 있습니다. 만일 레시틴과 리조비움 사이의 관
계를 알아낸다면, 콩과식물이 아닌 식물과도 공생할 수 있는 리조비움을 개
발할 수 있을 것입니다.

근래에 콩과식물이 아닌데도 리조비움이 공생하는 식물이 발견되었습니
다. 브라질의 한 과학자는 바랭이류의 식물에 질소고정균이 사는 것을 발견
했습니다. 만일 콩과식물이 아닌 식물에도 기생할 수 있는 질소고정균에 대
해 알게 된다면, 유전자공학기술을 이용하여 벼, 감자, 배추 같은 농작물에
공생하는 질소고정균을 개발할 수 있을지 모릅니다.

인간의 장 속에서도 질소고정균이 발견됩니다. 이 균은 질소비료 성분을
만드는 양이 지극히 적습니다. 그러나 개량해서 그 능력을 높여준다면 인간
의 질소 섭취량에도 도움을 줄 수 있을 것입니다.

흰개미의 장에서도 다른 질소고정균이 발견되었습니다. 흰개미는 질소 영
양이 적은 목재를 먹습니다. 그러나 그 장 속에 질소고정균이 살고 있어서
흰개미에게 필요한 단백질을 공급합니다.

이런 발견이 알려지자, 어떤 과학자는 흰개미를 풀이나 나무를 먹여 대규모로 사육한 후 가공하여, 그것을 가축 사료로 쓰거나 단백질만 뽑아내어 식품으로 이용할 수 있을 것이라는 생각을 내놓기도 했습니다.

질소고정균이 질소비료를 몸속에서 만들 때는 '나이트로지네이스'라는 효소가 작용합니다. 그래서 과학자들은 일반 비료공장에서도 나이트로지네이스를 이용하여 간단히 질소비료를 생산토록 하는 방법을 찾고 있습니다.

위스콘신 대학 질소고정 연구실에서는 나이트로지네이스의 기능에 대한 연구를 한걸음 더 진전시켰습니다. 그들은 이 효소의 성분인 철과 몰리브데넘이 질소고정에 중요한 역할을 한다는 것을 확인했습니다. 흥미롭게도 철과 몰리브데넘은 현재의 질소비료공장에서 비료를 합성할 때 촉매로 쓰는 금속이기도 합니다.

앞으로 질소고정균에 대한 연구가 진전되면, 질소비료를 보다 값싸게 생산할 수 있는 화학공장이 등장할 것이며, 콩과식물이 아닌 식물에도 공생하는 균을 만들어 내기도 할 것입니다. 질소고정균의 방법을 모방한 비료공장과 질소고정균이 공생하는 벼가 개발되는 날이 기다려집니다. 그에 앞서 해야 할 연구는, 질소고정 능력이 아주 강한 균을 유전자공학기술로 개발하여 원하는 콩과식물에 옮겨주는 일입니다.

7장 최고의 모방과학 대상은 미생물

8장
식물에게 배워야 할 지혜

1. 식물이 가장 많이 사는 곳은 바다의 표층

지구상에서 식물이 가장 많이 사는 곳은 아마존이나 아프리카의 열대 밀림이 아니라 바다의 표면층입니다. 지구 표면적의 70%는 바다이고, 그 바닷물속에 가장 많이 사는 진짜 주인공은 단세포식물인 규조입니다.

겨울이 되면 강이나 호수의 물은 더욱 깨끗하고 맑아진 것처럼 보입니다. 그 이유는 추위 때문에 물속에 사는 온갖 미생물의 수가 줄어든 탓입니다. 얼음이 얼 정도의 찬 호수에는 미생물이 거의 살지 못할 것처럼 느껴집니다. 그러나 얼음이 덮인 호수의 물에도 맨눈으로 볼 수 없는 작은 하등식물이 많이 살고 있습니다.

생물학자들이 '규조(珪藻)'라고 부르는 식물은 단세포입니다. 규조의 세포막은 유리의 주성분인 규소(珪素)입니다. 규조라는 이름도 여기서 얻은 것입니다. 규조류는 민물에도 살고 바다에도 삽니다. 규조는 엽록소를 가지고 광합성을 하는 단세포식물이기 때문에 태양이 잘 비치는 얇은 층에서 잘 번성하지요.

해수욕장의 물을 1ℓ 떠서 그 속에 사는 규조의 수를 헤아린다면 1000만 개를 넘는 막대한 수가 살고 있다는 것을 알 수 있습니다. 전 세계 바다 표면층에 사는 규조를 모두 합한다면 계산하기 어려울 정도로 엄청난 양입니다.

지구상에서 생산되는 산소의 90%는 세계의 숲에서 생산되는 것이 아니라 바다에 사는 규조에서 생산되고 있습니다. 바꿔 말하면 육지의 모든 식물을 합한 것보다 10배 정도 많은 규조가 바다에 살고 있는 것입니다.

플랑크톤은 물고기의 식량이 되는 작은 생물들을 말합니다. 플랑크톤에는 동물성 플랑크톤과 식물성 플랑크톤이 있습니다. 동물성 플랑크톤은 하등동물이나 새우, 조개 등의 바다동물 새끼들이고, 식물성 플랑크톤은 규조가 대부분을 차지합니다.

바다에 사는 동물은 모두 직접 또는 간접으로 식물성 플랑크톤(규조)을 먹고 삽니다. 그러므로 만일 규조가 사라진다면, 바다에는 어떤 동물도 살 수 없는 상황이 되고 맙니다. 첫 번째 이유는 먹이가 없어서이고, 두 번째는 바다동물이 수중에서 호흡하는 데 필요한 산소가 더 이상 생산되지 않기 때문입니다. 그뿐만 아니라 규조가 없어지면 지상의 동물도 산소 부족으로 모두 질식하고 말 것입니다.

■ □ 석유는 규조가 만들었다

오늘의 인류는 석유 없이는 살지 못하게 되어 있습니다. 휘발유가 떨어지면 모든 자동차가 움직이지 못하고 공장의 기계도 돌지 않습니다. 원유에서 뽑아낸 화학 성분으로 만드는 온갖 플라스틱 제품, 나일론과 같은 합성섬유, 화학약품, 타이어 등의 원료가 고갈되어 생산을 중단해야 합니다.

규조는 수억 년 전에도 지금처럼 풍부하게 살고 있었습니다. 이들은 박테리아처럼 두 조각으로 나뉘는 방법으로 번식하기 때문에 증식 속도가 아주 빠릅니다. 수명을 다하고 죽은 규조는 바다 밑으로 가라앉습니다. 죽은 물고기 뼈도 바다 밑으로 가라앉습니다. 이런 침전이 수억 년 동안 진행되면, 바다 밑에는 규조 시체가 수백 미터 두께로 쌓인 규조층을 이루게 됩니다.

어느 때인지 심한 지각변동이 일어나 산이 바다로 들어가고 해저가 육지로 변하는 대변화가 일어났습니다. 이러한 지각변동 때, 해저의 규조층은 지하 깊이 묻히게 되었습니다. 무겁게 눌리고 지열을 받은 규조층에서는 화학변화가 일어나 액체인 석유와 기체인 천연가스가 생겨나 지하 웅덩이에 고여 수억 년을 지내왔습니다.

중동 지역을 비롯한 세계 여기저기서 채굴하는 석유는 이렇게 생겨난 것입니다. 만일 바다에 규조가 살지 않았다면 인류는 석유가 없어 지금과 같은 문명 세계를 창조하지 못했을 것이 분명합니다.

규조층이 지하에서 화학변화를 일으키고 나면, 그 자리에 규조의 세포벽만 찌꺼기로 남습니다. 이 찌꺼기 층을 '규조토층'이라 부릅니다. 이를 분쇄하면 밀가루처럼 고운 분말이 되는데, 이것은 규조의 껍질이 변질되지 않고 남은 것이어서 주성분은 모래의 성분(규소)과 같습니다.

■ □ 자연이 만든 가장 아름다운 무늬와 디자인

규조토는 대단히 중요한 지하자원의 하나입니다. 규조토는 단단한 가루이기 때문에 기계 따위를 깎을 때 쓰는 연마재, 미세한 먼지와 세균까지 걸러내는 필터의 원료, 전기 절연제 등에 사용합니다.

자동차가 달리는 도로의 분리선을 나타내기 위해 바르는 흰 페인트에는 반드시 규조토를 혼합하고 있습니다. 그 이유는 이것을 섞은 페인트는 밤에 헤드라이트 빛을 잘 반사하여 운전자의 눈에 선명하게 보이도록 해주기 때문입니다.

규조토를 현미경으로 보면 표면이 거칠다는 것을 알 수 있습니다. 마치 출렁이는 호수의 물이 태양빛이나 달빛을 더 반짝반짝 잘 보이도록 하듯이, 도로 페인트의 거친 표면은 난반사를 하여 잘 보이도록 해줍니다.

규조토의 표면이 거친 데는 이유가 있습니다. 규조를 현미경으로 관찰해보면 종류도 많고 그 모습도 아름답다는 것을 금방 확인할 수 있습니다. 지구상의 바다에는 약 5,500종의 규조가 살고 있습니다. 이들은 그 모양이 얼마나 정교하고 아름다운지 말로 표현하기 어려울 지경입니다.

그래서 어떤 과학자는 규조를 일컬어 '가장 아름다운 살아 있는 보석'이라고 말하기도 했습니다. 규조의 모습은 어떤 보석 세공사나 조각가도 만들지 못할 정도로 다양하고 아름다워, "자연보다 더 훌륭한 슈퍼 디자이너는 없다"라는 말을 실감하게 합니다.

8장 식물에게 배워야 할 지혜

2. 선과 악의 두 얼굴을 가진 양귀비

지구상에는 사는 약 40만 종의 식물 가운데 죽음에 이른 사람을 살려내기도 하고 반대로 인간을 악과 죽음의 수렁으로 끌어들이기도 하는 신비스런 식물이 있습니다. 그것은 '아편(모르핀)'이라는 특별한 물질을 생산하는 양귀비라는 식물입니다.

양귀비는 흰색 또는 붉은색의 아름다운 꽃을 피웁니다. 그러나 그 모습이 곱다고 해서 허가 없이 아무나 재배할 수 없지요. 왜냐하면 양귀비에서 추출한 물질이 마약이 될 수 있기 때문입니다.

치아를 뽑은 직후 아픔을 참지 못하고 있으면 의사는 코데인이라는 알약을 줍니다. 그 약을 먹고 나면 통증은 사라집니다. 견딜 수 없을 정도로 심한 기침이 날 때, 코데인 성분이 든 물약을 먹으면 기침이 잠잠해집니다.

이러한 효험을 나타내는 것은 양귀비에서 추출한 모르핀이라는 물질이 코데인에 포함되어 있기 때문입니다. 모르핀은 마취 작용과 기침 진정 효과를 나타내는 물질의 화학적 이름이고, 코데인은 모르핀을 주성분으로 한 응급 환자 치료용 약품의 이름입니다.

신장 결석이 되거나 췌장에 탈이 나거나 심한 화상을 입거나 큰 상처를 입으면 고통을 견딜 수 없습니다. 이럴 때 의사는 아픔을 일시적으로 잠재우는 진통제로 모르핀 주사를 적절히 사용합니다. 심장에 어떤 문제가 생겼을 때 모르핀을 사용하면 즉시 혈관이 팽창하여 혈액이 허파로 역류하는 것을 막아 줍니다.

전쟁터에서 부상병을 응급 치료하는 위생병은 약 상자에 모르핀 주사를 가지고 다닙니다. 부상병이 고통을 참지 못해 비명을 지르면 부상자의 근육에 모르핀을 주사하여 일단 진정시킨 뒤 병원으로 후송토록 하기 위해서입니다. 의학적 용도에서 본다면 모르핀은 참으로 중요한 약품입니다.

이런 모르핀이 무서운 약품으로 변하기도 합니다. 모르핀은 그 어떤 마약보다도 습관성이 크답니다. 습관성 약품은 약 기운이 떨어졌을 때, 다시 약을 공급받기 위해 어떤 범죄 행위라도 해야 할 정도로 인간의 정신을 파괴합니다. 이런 사람을 '마약 중독자'라 부르며, 그런 중독 환자가 발견되 면 강제로 오랜 기간 치료받게 합니다.

■ □ 아편전쟁의 원인이 된 모르핀

양귀비가 꽃을 피운 뒤 꽃잎이 떨어지고 나면, 씨가 맺히는 씨방(꼬투리)이 동그랗게 자라납니다. 초록색의 씨방 겉에 상처를 내면 그 자국에서 하얀 액체가 우유처럼 스며 나옵니다. 이 흰 즙액 속에 모르핀 성분(질소가 포함된 알카로이드)이 대량 포함되어 있습니다. 이 흰 액체는 마르면서 흑갈색의 고무처럼 변합니다. 이것을 모은 덩어리를 아편이라고 합니다.

1840년부터 1842년 사이에 벌어진 중국과 영국 사이의 아편전쟁은 역사적으로 유명한 사건입니다. 이 전쟁은 영국이 아편을 중국에 싣고 와 불법으로 팔면서 일어났습니다. 전쟁에서 힘으로 불리해진 중국은 남경조약을 맺어 홍콩을 영국이 다스리는 국제도시로 개방하도록 허락했습니다.

아편의 성분이 화학적으로 처음 밝혀진 것은 1815년의 일입니다. 독일의 과학자인 제르튀르너는 아편의 화학구조를 밝히고 거기에 모르핀이라는 이름을 붙였습니다. 그것은 그리스 신화에 나오는 '꿈의 신'인 모르페우스의 이름에서 따온 말이랍니다.

양귀비에는 여러 종류가 있습니다만, 그 가운데 '파파베르 솜니페룸'이라는 학명을 가진 것만 제외하고, 개양귀비라든가 캘리포니아양귀비(금영화)는 가정에서 키울 수 있습니다. 이런 종에는 아편 성분이 거의 없기 때문입니다.

8장 식물에게 배워야 할 지혜

아편을 많이 먹으면 생명이 위태롭습니다. 마약 중독자가 생겨나는 것은 약을 사용했을 때 불안이 없어지고 좋은 기분을 한동안 느끼기 때문이랍니다. 마약을 몇 차례 경험한 사람은 그러한 순간을 잊지 못해 다시 찾게 되고, 잠깐 사이에 중독자로 변합니다.

중독 상태가 되면, 약효가 몸에서 떨어졌을 경우 견딜 수 없는 고통이 오고, 구역질이 나며, 아무 일도 할 수 없는 상태가 된답니다. 중독자에게는 이 세상에서 무엇보다 중요한 것이 마약이고, 마약 없이는 살 수 없는 마음이 되고 맙니다.

중독성을 가진 식물에는 양귀비 외에 몇 종류가 더 있습니다. 대마초(삼베 원료가 되는 식물)의 잎과 꽃을 말린 마리화나, 코카나무 잎에서 추출한 코카인 등이 그것입니다.

■ □ 합법적으로 아편을 생산하는 나라

양귀비를 대량으로 몰래 재배하는 장소가 세계 곳곳에 있습니다. 한편 국제적인 승인 하에 국가의 감시를 받으며 정당하게 양귀비를 재배하는 나라가 있습니다. 인도는 세계 최대의 합법적인 생아편 생산국이지요. 러시아, 터키, 루마니아, 오스트리아, 프랑스 등은 양귀비 줄기를 말린 대를 생산하고, 폴란드, 체코, 독일, 네덜란드 등에서는 우수한 양귀비 종자를 생산하여 재배국에 합법적으로 판매하고 있습니다.

인도에서 생아편을 대량생산하는 이유는 다른 국가에 비해 재배와 생산에 비용이 적게 들기 때문입니다. 생아편을 생산하려면 씨방에 상처를 내고, 흘러나온 즙액을 시간 맞춰 채취해야 하는 등 잔손이 많이 간답니다. 인도의 아편 농장이나 건조장에서 일하는 사람들은 엄중한 감시를 받으며, 일이 끝나면 몸과 입은 옷까지 물로 말끔히 씻은 뒤 퇴근할 수 있습니다.

인도는 의사들이 사용하는 아편의 대부분을 생산합니다. 그러나 그 2배나 되는 양의 아편이 여러 후진국에서 불법으로 생산 거래되고 있습니다. 미국을 비롯한 각 나라의 경찰이 국제적인 협력 아래 '마약과의 전쟁'을 벌이는 것은 이 때문입니다.

온갖 화학물질을 인공적으로 합성할 수 있지만, 현재에도 양귀비가 그 세포 속에 만드는 모르핀의 성분은 인공으로 합성하지 못하고 있습니다. 그러므로 의약으로서 없어서는 안 될 모르핀은 여전히 식물이 가진 기술에 의존하여 얻고 있습니다.

8장 식물에게 배워야 할 지혜

3. 대나무가 준 지혜와 편리함

푸름과 곧음을 자랑하는 대나무는 겨울에도 기온이 영하 10도 이하로 내려 가지 않는 온대지방과 열대지방에서 자랍니다. 대나무는 인류 생활에 어떤 식물보다 유용하게 이용되어 왔습니다. 오늘날에는 플라스틱이 대나무의 역 할을 많이 하고 있으나, 대의 용도는 늘어나고 있습니다.

동남아시아의 태국, 대만, 홍콩, 싱가포르, 필리핀 등의 사람들은 대나무 를 여러모로 편리하게 이용합니다. 대나무가 유용하기는 우리나라나 일본 도 마찬가지입니다. 플라스틱이 생산되면서 대나무의 용도가 다소 줄어든 것은 필요가 없어진 것이 아니라 대나무의 생산량이 부족한 탓입니다.

아시아 사람들은 예로부터 대나무로 집을 짓고 배를 만들었으며 바구니, 모자, 그릇 따위의 온갖 도구를 만드는가 하면, 큰 건축물의 공사장에서는 인부들이 오르내리는 발판 재료로 쇠 파이프를 대신하여 사용하고 있습니 다. 사실 대나무가 없으면 우리는 생활에 큰 불편을 느끼게 될 것입니다.

대나무는 유럽과 남북극을 제외한 모든 대륙에서 자랍니다. 대나무 종류 는 약 1,000가지이며, 우리나라에는 약 15종이 자라고 있습니다. 대나무는 종류마다 줄기의 굵기, 색깔, 마디의 모양, 자라는 키, 잎의 모양 등이 다릅 니다. 어떤 것은 기껏 자라야 겨우 10㎝도 안 되는 반면, 가장 큰 종류는 높 이가 60m에 이르고 줄기의 지름이 60㎝나 됩니다.

대나무는 나무라기보다 풀이라고 부르는 것이 옳습니다. 왜냐하면 대나무 는 분류학적으로 벼나 옥수수, 강아지풀(초본식물)에 가까운 식물이기 때문 입니다. 그러나 대나무라고 불리게 된 것은 초본식물이 갖지 못한 특징을 가졌기 때문일 것입니다. 우선 대는 대단히 강하고 빳빳하며 구부림에 잘 견디는 굉장히 좋은 탄력성을 가지고 있습니다. 또한 대는 결이 바르기 때 문에 손으로 가공하기 편리합니다.

■ □ 대나무를 단단하게 하는 특수한 구조

　대나무를 쪼개 보면 속이 비어 있고 중간에 여러 개의 마디가 있습니다. 만일 대의 중간에 이런 마디가 없고 속이 비지 않았다면, 대는 그렇게 강하지 못할 것입니다. 대의 구조는 역학적으로 아주 강한 힘과 탄력을 갖게 합니다. 또한 대나무의 마디는 강도를 높여주기도 하지만, 대와 대를 끈으로 묶어 연결할 때, 단단히 멜 수 있는 매듭이 되어 줍니다.

　대나무는 땅 밑에 지하줄기가 있고, 그 지하줄기에서 뿌리가 뻗어나갑니다. 이 지하줄기는 뻗어나가다가 이른 봄이 되면 중간 중간에서 새순을 내지요. 이것이 자라 땅 위로 올라온 것을 '죽순'이라 부르며 요리의 재료로 씁니다. '우후죽순'이란 말이 있습니다. 이는 죽순이 일시에 땅 밑에서 올라와 대단히 빨리 자라는 데서 나온 것입니다. 우리나라에서 많이 볼 수 있는 참대의 경우, 24시간 사이에 60㎝나 자란 기록이 있습니다. 대나무가 이처럼 빨리 자랄 수 있는 이유도 연구 과제입니다.

　대나무는 죽순이 나오고 나서 6~8주일 만에 키와 굵기가 완전히 자라고, 그 뒤에는 성장을 멈추고 재질이 단단해지기만 합니다. 첫해에 나온 대는 수분이 많고 조직이 부드럽기 때문에, 베어내 말리면 쪼그라들고 갈라져 재목으로는 부적합합니다. 단단한 대가 되려면 5년 이상 자라야 합니다.

　대나무를 번식시키려면 지하줄기를 파내 옮겨 심으면 됩니다. 대나무는 평소 꽃을 피우지 않기 때문에 씨를 얻을 수 없습니다. 그러나 대나무가 어쩌다 꽃을 피우면, 대나무 재배 농부는 걱정을 합니다. 왜냐하면 꽃을 피운 대나무는 더 이상 자라지 않고 죽어버리기 때문입니다.

　대나무는 종류에 따라 30년, 60년, 120년을 주기로 꽃이 핍니다. 대나무가 왜 꽃이 피면 죽는지 그 이유는 식물학자들도 아직 모릅니다. 한 지역에서 어떤 대나무 종류가 개화하면, 전 세계의 같은 종의 대나무가 같은 해에 모조리 꽃을 피웁니다. 꽃을 피운 대나무가 모두 스러지고 지하에서 다시 죽순이 올라와 새로운 죽림을 이루려면 5년 이상 기다려야 하지

8장 식물에게 배워야 할 지혜

4. 목화는 인간을 위한 특별한 섬유식물

목화는 주곡처럼 중요한 식물이지만 사람들은 대부분 목화에 대해 무관심합니다. 하지만 목화는 자연이 만든 최고의 섬유입니다. 화학섬유가 아무리 많이 생산되어도 목화의 생산량과 용도는 날로 늘어가고 있습니다.

80여 년 전까지만 해도 우리나라에서 목화농사는 쌀농사만큼 중요한 일이었습니다. 목화를 재배하고, 씨에 붙은 솜을 뜯어내고(틀고), 솜으로 실을 잣고, 베틀에 앉아 천을 짜는 일은 많은 시간이 걸리는 힘든 일이었습니다.

오늘날 세계인이 입는 옷의 절반은 목화실로 짠 면직(綿織)입니다. 세계적으로 목화를 재배하는 나라는 약 80개국인데, 이 가운데 최대 솜 재배국은 중국, 미국, 인도 순입니다.

인도에서는 기원전 1800년경의 '모헨조다로' 유적지에서 무명천이 발견되었는데, 이 당시부터 서기 1500년대까지 인도는 세계 최고의 목화산업 중 심지였습니다.

목화는 종류가 많으며 지역에 따라 각기 다른 품종을 재배해 왔습니다. 목화는 불교와 함께 기원전 600년경에 중국에 전해졌으며, 유럽과 아메리카, 아프리카에는 그로부터 2000년도 더 지난 1500년경에 전해졌습니다.

우리나라에 목화가 처음 전래된 것은 1363년(고려 공민왕 때)의 일입니다. 당시 원나라에서 3년이나 유폐생활을 하다 귀국하던 문익점 선생이 붓 대롱 속에 씨를 숨겨와 경남 산청에서 재배하기 시작했던 것입니다.

목화는 온대성 식물이어서 우리나라에선 남쪽 지방에서 잘 자랐습니다. 솜이 전국에 보급되면서 이전까지 삼과 모시풀에서 뽑아낸 섬유나 누에의 명주실로 짠 옷을 입던 우리 선조들은 무명천으로 모든 것을 대신하게 되었습니다. '백의민족'이란 말이 생겨나도록 흰옷을 입는 의복의 혁명이 일어난 것입니다.

솜을 원료로 하는 제품은 많고 중요합니다. 그 천으로는 옷을 비롯하여 손가방, 천막, 레이스, 커튼 등을 만듭니다. 목화는 솜 외에도 인류에게 중요한 것을 가지고 있습니다. 목화의 씨에서는 '면실유'라는 기름을 짜내는데 이는 우리가 먹는 식용유가 됩니다. 또 목화씨 그 자체로도 고기나 우유를 대신할 정도의 영양가 높은 식품이 되기도 합니다.

하지만 유감스럽게도 목화씨에는 '고시폴'이라는 약간의 독성을 가진 물질이 들어 있어 그냥 먹을 수는 없습니다. 다행히 기름으로 짜낸 면실유에는 이것이 포함되지 않습니다. 만일 씨에 고시폴만 없다면, 목화씨는 여러 나라에서 식량으로 이용할 수 있을 것입니다.

고시폴을 제거하는 과정을 거치자면 비용이 듭니다. 그 때문에 목화 육종학자들은 독성이 없는 품종을 개발하려고 노력했지만 오래도록 성공하지 못했습니다. 그러나 1993년 텍사스에 사는 우드로 로저스라는 79세의 농부가 25년간 꾸준히 교배 실험을 계속한 끝에 결국 고시폴이 없는, 그러면서 섬유의 질도 뛰어난 종자를 개발했답니다.

목화는 세계의 역사를 바꾸어 놓기도 했습니다. 1771년 영국의 리처드 아크라이트가 물레방아로 면사를 짜는 편리한 방적기를 발명함으로써, 영국은 산업혁명기에 최대 면직공업국으로 변해 큰 부자 나라가 될 수 있었습니다.

1793년에는 미국의 엘리 휘트니가 목화씨에 붙은 섬유를 발라내는 자동 기계를 발명해 하루에 한 사람이 손으로 500g 뜯어내던 솜을 10배나 더 많이 작업량을 낼 수 있게 되었습니다. 이후 미국은 광대한 면적에 목화 농장을 만들어 전 세계에 목화를 공급하느라 많은 노예를 부리게 되었습니다.

남북전쟁이 일어났던 1861년에 노예가 250만 명에 이르렀으므로 노예 해방 후 미국의 목화농업은 큰 타격을 입게 됩니다. 그러나 그것도 잠시였습니다. 사람 손 대신 목화를 따는 기계가 발명되자 목화산업은 다시 활기를 되찾았습니다. 오늘날 미국의 목화밭을 누비는 수확기 한 대당 과거에 사람 500~1,000명이 하던 일을 해치우고 있습니다.

8장 식물에게 배워야 할 지혜

5. 세계인 절반이 주식하는 식물, 벼

우리와 가장 관련이 큰 식물을 들자면, 벼가 단연 1위일 것입니다. 쌀은 세계 인구의 절반이 주식하고 있습니다. 그런데도 대부분의 사람은 벼에 대해 잘 알지 못합니다.

쌀은 한국인의 주식 곡물이지만, 아주 옛날에는 우리나라에 없던 식물입니다. 벼농사는 약 7000년 전에 기온이 높고 비가 많은 아시아 대륙의 적도 지방에서 시작되었습니다. 그런 벼가 점점 보급되어 지금은 전 세계로 퍼져 북위 53도나 되는 추운 러시아나 중국 땅을 비롯하여, 인도와 네팔의 고지대에서도 재배하게 되었습니다.

우리나라는 약 4000년 전부터 벼농사를 해왔습니다. 세계에서 쌀을 가장 많이 생산하는 나라는 인도(약 28%)와 중국(24%)이고, 우리나라(남한)는 약 1%를 생산합니다.

열대지방에서 자라던 벼가 이처럼 고위도의 땅에까지 퍼지게 된 것은 그 사이에 낮은 기온에도 잘 견디는 품종이 개량되었고, 재배기술이 발전했기 때문입니다. 벼의 품종 개량은 지금도 계속되어, 더 많은 수확을 내고, 병충해에 강하고, 강풍에 잘 넘어지지 않고, 밥맛이 좋도록 연구하고 있습니다.

장기간 재배해오는 동안 벼는 많은 품종이 만들어졌습니다. 현재 전 세계에는 약 12만 가지 이상의 품종이 있습니다. 그러나 이 많은 품종이 모두 재배되는 것은 아니고, 대부분은 연구용으로만 재배하거나 그 씨앗만을 보존하고 있고, 수십 가지 중요 품종만 지역에 따라 재배합니다.

대부분의 벼 품종은 얕은 물속에 자라는데, 어떤 것은 맨땅에서도 자랄 수 있으며, 또 어떤 것은 아주 깊은 물에서도 성장합니다. 이런 품종은 홍수가 잦은 열대지방의 강가에 재배하는 벼입니다. 이 품종은 물이 키보다 높아지면 하루에 10㎝나 쑥쑥 자라 잎과 이삭을 수면 밖으로 내놓습니다. 그럴 때

209

〈그림 8-1〉 벼는 원래 열대지방 식물이지만 수천 년 동안 개량하여 온대에서도 자라는 벼가 되었습니다.

는 벼의 키가 5~6m에 이르기도 하지요.

우리나라와 같은 온대지방에서 재배하는 품종은 낱알이 짧고 통통하며, 밥을 지으면 끈기가 있고, 기름을 바른 듯 광택이 납니다. 그러나 열대지방의 쌀은 기다랗고 색깔이 반투명하며, 밥을 지으면 쌀알이 하나하나 떨어져 젓가락으로 집기 어려울 만큼 끈기가 없습니다.

우리나라에서 생산한 쌀이더라도 일반적인 쌀(맵쌀)과 찹쌀은 그 모양과 맛이 다릅니다. 파키스탄과 인도의 일부 지역에서 재배하는 어떤 쌀은 길고 홀쭉하며 특이한 향기까지 납니다. 쌀 중에는 검은색을 가진 품종도 있습니다.

벼농사기술이라고 할만한 것이 없었던 옛날에는 1헥타르(가로세로 100m 면적)의 땅에서 고작 1.5t의 쌀을 생산했습니다. 그러나 1960년 이후 혁명적인 품종개량이 이루어지고 재배기술이 크게 발전하면서, 우리나라와 일본, 미국 등지에서는 1헥타르당 5~6t의 쌀을 생산하고 있습니다. 우수한 농부는 1헥타르의 논에서 10~13t까지 생산했습니다.

벼가 탄소동화작용을 하여 쌀을 만드는 과정을 연구하는 일은 가장 중요한 생체모방과학 연구일지도 모릅니다. 과학자 중에는 뿌리에서 스스로 질소비료를 생산하면서 자라는 벼 품종 개발을 꿈꾸는 연구자도 있습니다.

8장 식물에게 배워야 할 지혜

6. 옥수수는 사람과 가축의 식량

옥수수는 어떤 곳에서도 잘 자라고 수확량도 많습니다. 이 식물은 고도가 3,600m에 이르는 안데스산맥 고지에서도 생장하고, 기온과 습도가 높은 아마존 정글, 기온이 섭씨 46도에 이르고 연중 비가 200㎜ 밖에 내리지 않는 사막지대에서도 자랍니다. 우리나라에는 16세기에 중국에서 처음 전래 되었으며, 다른 곡물을 재배하기 어려운 산간지방에서 주로 경작해 왔습니다.

멕시코와 남아메리카의 원주민들은 수천 년 동안 옥수수를 주식으로 삼았습니다. 현재 옥수수는 전 세계인의 작물이 되었으며, 미래에는 더욱 중요한 용도를 가질 전망입니다. 옥수수는 인간의 식량뿐만 아니라 가축의 사료 등 여러 용도로 쓰이고 있습니다. 만일 옥수수를 재배하지 않는다면 당장 수억의 인구가 굶주리게 될 것입니다.

1492년, 스페인의 탐험가 콜럼버스가 중앙아메리카에 처음 도착했을 때, 그 곳의 원주민은 처음 보는 곡식의 씨앗들을 콜럼버스 일행에게 선물로 주었습니다. 그 가운데는 옥수수씨도 포함되어 있었습니다.

콜럼버스는 이 씨앗을 가지고 그 이듬해에 스페인으로 돌아왔습니다. 그로부터 100년도 지나지 않아 옥수수는 유럽은 물론 아프리카와 아시아에까지 보급되었습니다.

■ □ 옥수수의 다양한 용도

미국은 세계 옥수수 수확량의 절반 이상을 생산하여, 그중 거의 절반 가까이 수출합니다. 반면에 최대 옥수수 수입국은 러시아와 일본, 한국 순이랍니다.

옥수수라고 하면 팝콘이나 강냉이, 삶은 옥수수가 먼저 떠오를 것입니다. 그러나 옥수수를 직접 먹는 양은 일부에 불과하고, 전체 옥수수 생산량의 절반은 사료로 전 세계의 소, 돼지, 닭 등을 기르는 데 쓰고 있지요. 옥수수는 열매만 사료로 쓰는 것이 아니라, 어린 옥수수를 풀처럼 베어 저장해두고 먹이기도 합니다. 나머지 상당 부분은 옥수수 전분, 옥수수 식용유, 옥수수 시럽 등을 만드는 데 쓰고 있습니다. 콜라의 단맛은 옥수수를 원료로 만든 시럽입니다. 이것은 설탕보다 싼 값으로 생산되며, 치약의 단맛도 이 시럽인 경우가 많습니다.

옥수수를 발효시켜 알코올을 생산하면 그것으로 술을 빚기도 하고, 무공해 자동차 연료로 쓰기도 합니다. 알코올 연료는 일산화탄소가 생기지 않으며, 휘발유 연료와 달리 검댕도 만들지 않습니다.

솜으로 짜는 옷감 속에 옥수수 줄기의 섬유를 넣으면 아주 질긴 천이 됩니다. 또 종이를 제조할 때 옥수수 전분을 섞으면 튼튼한 종이가 되지요. 가정에서 쓰는 옥수수 식용유는 씨눈을 모아 기름을 짠 것입니다. 그 밖에 옥수수는 화장품, 크레파스, 잉크, 건전지, 과자, 아이스크림, 아스피린 따위의 의약품, 그리고 페인트 등을 제조할 때 원료로 사용하고 있습니다.

또 땅에 묻히면 썩는 무공해 플라스틱을 만들 때 옥수수 전분을 섞어서 제조합니다. 무공해 플라스틱으로는 어린이 장난감, 낚시꾼의 루어(가짜 미끼), 골프공을 올려놓는 티, 귀를 후비는 면봉, 아기 기저귀 등을 만들고 있습니다.

〈그림 8-2〉 수확한 옥수수가 산더미처럼 쌓여 있습니다. 벼, 옥수수, 감자, 콩처럼 인류의 식량과 자원이 되는 식물에 대해서는 많은 연구가 이루어지고 있습니다.

8장 식물에게 배워야 할 지혜

7. 감자는 인류의 미래 식량

우리나라에서는 쌀이 주식이지만, 유럽 여러 나라와 소련에서는 감자가 제 2의 주식입니다. 세계 170여 개 나라 가운데 130개 이상의 나라가 감자를 재배하며, 연간 총 생산량은 약 3억 톤이랍니다. 앞으로 감자는 인류의 식량 으로 더욱 중요한 식물이 될 것입니다.

제2차 세계대전 때의 일입니다. 독일의 나치 포병들은 소련(현 러시아)의 농업 연구소인 파블로브스키 실험 농장까지 포격하고 있었습니다. 이 농장에서는 감자의 품종 개량 연구를 주로 하고 있었지요. 그때 수석 과학자 아브라함 카메라츠는 마지막까지 남아 있다가 결국 연구하던 씨감자를 배낭 가득히 담아 등에 지고 걸어서 피난을 갔습니다.

그가 보물처럼 가져간 감자는 완두콩처럼 작은 보잘것없는 것이었지만, 그에게는 무엇보다 귀중한 것이었습니다. 그는 페루에서 어렵게 들여온 이 작은 감자를 가지고 추위와 병에 강한 품종을 개량하려 했던 것입니다.

레닌그라드(지금의 페테르부르크)로 피난한 그는 동료 과학자들을 만나 컴컴한 숙소에서 추운 겨울을 지내게 되었습니다. 그들은 씨감자가 얼어 연구계획이 수포로 돌아가지 않도록 끊임없이 난로를 피워야 했습니다. 연료가 없으면 가구를 부수어 땔감으로 쓰기도 했습니다. 쥐가 감자를 먹지 않도록 지켜야 했으며, 아무리 배가 고파도 "우리는 훌륭한 감자 없이는 독일을 이길 수 없다."는 이유 때문에 씨감자는 한 알도 손대지 않았습니다.

■ □ 미래에는 더욱 중요한 작물

감자는 원래 남아메리카의 원주민들이 재배하고 있었습니다. 그 감자가 처음으로 유럽에 퍼지게 된 것은 16세기쯤이었습니다. 감자는 잘 자라고, 생산량도 많으며 맛이 좋았기 때문에 금방 유럽 곳곳에 퍼져, 중요한 식량이 되었지요.

1845년의 일입니다. 영국 왼쪽에 위치한 아일랜드는 가난한 섬이었습니다. 그러나 감자가 생산되면서 먹을 것이 넉넉해지자 인구가 늘어나 800만 명에 달했습니다. 그런데 불행히도 그해 아일랜드의 여름은 춥고 비가 많이 오더니 이어서 가뭄이 계속되었습니다.

나쁜 기후 탓으로 그해 아일랜드의 감자는 곰팡이에 의한 마름병이 들어 땅속에서 모조리 썩어 버렸습니다. 감자 흉년은 아일랜드에만 든 것이 아니고 온 유럽의 공통된 현상이었습니다. 감자 흉년이 몇 해 계속되면서 아일랜드에는 무서운 굶주림이 닥쳤습니다. 2년 동안에 100만 명이 굶어 죽고, 살아남은 사람은 죽은 사람을 묻어 줄 기운 조차 없었습니다.

1845년부터 1851년 사이에 아일랜드 사람은 굶주림을 피해 100만 명 이상이 미국 대륙으로 이민을 떠났습니다. 이때의 기근은 세계 역사에서 가장 안타까운 비극 가운데 하나입니다.

감자는 추운 지방에서도 잘 자라고, 같은 면적에서 다른 곡식보다 두 배 가까운 양이 생산되며, 감자에 포함된 양분도 훌륭합니다. 감자는 재배 기간이 짧아 심고 나서 90~120일이면 생산하는데, 급할 때는 60일만에 캐먹기도 합니다.

■ □ 감자는 미래의 인류 식량

감자는 세계 어디서나 잘 자랍니다. 히말라야나 안데스산맥에서는 4,000m의 고지에서 자라고, 북극 가까운 곳, 아프리카와 오스트레일리아의 사막에서도 자랍니다. 그러나 너무 덥고 습기가 많은 열대에서는 재배가 어렵습니다.

옛날의 감자는 지금처럼 크지 않고 생산량도 많지 않았습니다. 감자가 미국 대륙에서 재배되기 시작한 것은 1719년의 일입니다. 그 뒤 1872년 미국의 유명한 농학자 루터 버뱅크가 크고 훌륭한 감자 종자를 개량해냈습니다. 병과 추위에 강하고, 맛이 좋고, 생산량이 많은 새로운 품종은 지금도 끊임없이 연구되고 있다. 페루의 안데스산속에 있는 국제감자연구소에서는 1만 3,000품종의 감자를 재배하면서 연구하고 있답니다.

이미 여러 해 전에 유전공학자들은 감자와 토마토가 서로 비슷한 종류임을 이용하여 포마토를 만들어 보았습니다. 포마토란 땅속에서는 감자(포테이토)가 열리고 땅 위 줄기에서는 토마토가 열리는 식물입니다. 그러나 이 식물은 감자도 토마토도 제대로 열리지 않았습니다.

과학자들은 먼 훗날 지구가 추워지는 시기(빙하기)가 닥쳐오면, 추운 곳에서도 잘 자라는 감자를 많이 심어야 할 것이라고 생각합니다. 그리고 석유가 부족해지면, 이 감자를 대량 재배하여 거기서 알코올을 뽑아내 자동차 연료로 사용해야 할 것이라고 합니다.

9장
생체모방과학의 미래

1. 극한 조건에서 살아가는 생물

동식물이 절대로 살 수 없을 것 같은 저온, 고온, 고압 등 극한 조건에서 살아가는 방법을 터득한 신비로운 생명체가 있습니다.

포유동물은 체온을 섭씨 35~40도로 조절하고, 새들은 이보다 조금 높은 38~43도를 유지합니다. 새들의 체온이 더 높은 이유는 공중을 날 때 날개를 맹렬히 퍼덕여야 하기 때문에 에너지 출력을 높게 하기 위한 것입니다. 반면에 파충류라든가 곤충의 체온은 외부 온도에 따라 변합니다. 따라서 파충류나 양서류의 경우 기온이 지나치게 내려가면 활동을 못하고 동면을 합니다.

북극이나 남극지방은 기온이 수시로 영하 50도 이하로 내려가고, 반대로 사막은 쉽게 영상 60도를 넘기도 합니다. 남아프리카의 칼라하리 사막에서는 낮에 70도까지 올라갔다가 밤이 되면 영하 5도까지 떨어지는 일이 허다합니다.

이렇게 추운 곳이나 더운 곳에서도 일부 생물은 교묘하게 적응하며 살아갑니다. 극한 조건에서 사는 생물들에 대한 연구를 통해 우리는 저온물리학이라든가 저온생물학 분야에서 새로운 지식을 찾아내게 될지도 모릅니다.

남아메리카 남단에 파타고니아라는 땅이 있습니다. 1903년에 어쩐 일인지 이 지방의 기온이 영하 30도까지 내려갔습니다. 이때 이 지역에 살던 구아나코(작은 낙타를 닮은 동물)들은 추위를 견디지 못해 구아나코의 시체가 산을 이루었다고 합니다. 구아나코는 무리를 지어 몸을 서로 밀착해 추위를 견디려 했지만 결국 추위를 이기지 못하고 얼어 죽은 것입니다.

그때 파타고니아에는 강풍까지 불었습니다. 만일 바람이 없었더라면 그렇게 많이 죽지는 않았을지도 모릅니다. 시속 35㎞의 강풍이 불었고, 그 바람은 체감온도를 영하 50도까지 내렸습니다. 다른 동물과는 달리 추위를 막을 따뜻한 모피나 피하지방층이 없는 구아나코는 얼어 죽을 수밖에 없었습니다.

시베리아라든가 캐나다 북부 유콘지방은 겨울 기온이 영하 50도까지 내려 갑니다. 그래도 이곳에는 순록이라든가 엘크사슴, 북극곰과 같은 동물들이 추위를 잘 견디고 있습니다. 추운 곳에서는 큰 동물이 작은 동물보다 생존하기 유리합니다. 그것은 체중에 비해 몸의 표면적이 적어 열손실이 많지 않기 때문이지요.

그래서 같은 종의 동물이라도 추운 지방에 사는 것이 더 큰 체격을 가진 경우가 많습니다. 예를 들어 남극에 사는 황제펭귄은 키가 1.2m인데, 적도 가까운 갈라파고스섬에 사는 펭귄은 50㎝에 불과합니다.

벌새는 대개 열대에 살고 체격이 아주 작은 편인데, 평균 기온이 낮은 파타고니아에 사는 '콜리보리 벌새'는 몸길이가 20㎝나 되어 무리 가운데 가장 큽니다.

■ □ 얼음물속을 걷는 새의 다리

북극 가까운 곳에 사는 포유동물 중에는 늑대, 여우, 설치류(쥐 무리)가 있습니다. 이들은 체중에 비해 표면적이 넓은 편이기 때문에 추위를 견디기 어려우므로 추운 동안에는 눈을 파고 들어가 눈 밑에서 지냅니다. 눈은 열을 잘 전하지 않아 눈 밑은 훨씬 따뜻합니다.

이들 동물은 보온성이 좋은 털과 솜털 그리고 피하지방층을 가지고 있습니다. 늑대, 순록, 엘크사슴은 겨울이 가까워지면 길이가 6.5㎝나 되는 긴 털을 준비합니다. 동물의 털과 깃털 사이에는 공기 틈이 많아 보온 효과가 큽니다. 털은 길고 촘촘할수록 열 차단 효과가 좋아지지요.

그런데 엘크사슴의 긴 다리는 털이 한 올도 없는 벌거숭이입니다. 그들의 다리와 발굽을 보면 얼마나 추울까, 다리에 흐르는 혈액은 얼지 않을까 하는 생각이 듭니다. 겨울철에 찬물에 발을 담그고 돌아다니는 새들의 다리와 발가락을 봐도 그렇습니다. 그러나 추위에 노출되지 않도록 새의 다리에 피하지방층을 형성하고, 털까지 붙이려면 그 다리는 뚱뚱해질 것이고, 그렇게 되면 날고 걷는 활동에 지장을 받을 것입니다.

영하의 기온에서 지내는 갈매기의 체온을 조사해 보면, 몸뚱이는 38도이 지만 다리와 물갈퀴발의 온도는 0~5도로 내려가 있습니다. 기온이 영하 30도인 상황에서 순록의 체온은 37도를 유지하고 있지만 그 다리와 발은 9도 밖에 안 됩니다.

설원에서 썰매를 끄는 에스키모개의 발 온도는 8도이고, 발바닥은 0도로 떨어져 있기도 합니다. 추운 곳에 사는 동물들은 이처럼 노출된 다리 부분 의 체온을 낮게 함으로써 체온 손실을 줄이고 있습니다.

찬 바다에 사는 포유동물인 고래라든가 바다사자, 돌고래 등은 몸이 늘 물 속에서 있기 때문에 체온을 더 많이 뺏기게 마련입니다. 그들의 꼬리는 심 한 운동을 하는 부분이므로 거기에는 많은 혈액이 공급되어야 합니다. 그러 나 꼬리지느러미는 운동하기 좋도록 얇은 조직으로 되어 있을 뿐, 두터운 지방층은 없습니다. 그 대신 꼬리에는 에너지를 대량 전달하는 굵은 동맥과 정맥 혈관이 뻗어 있습니다.

■ □ 추위를 견디는 하등식물의 지혜

극한 지역 생물로서 감탄할 만한 존재는 지의류(地衣類)라는 하등식물입니 다. 지의류는 조류(藻類)와 균류(菌類)가 공생하는 식물로서, 보통 바위나 나 무껍질 등에 바싹 마른 듯이 붙어삽니다. 이 지의류는 추위에 강해 도저히 살 수 없을 것 같은 해발 7,000m의 고산 바위라든가, 극지의 바위 절벽에 도 살고 있습니다. 이들은 기온이 영하 20도까지 내려가도 태양빛을 에너 지로 영양이 되는 영양분을 소량이나마 합성하면서 산소를 생산합니다.

기온이 일정 온도 이하로 내려가면, 생물의 몸을 이루는 수분이 얼게 되어 피부가 팽창하면서 세포가 파괴됩니다. 그러나 지의류의 체내에 포함된 수

9장 생체모방과학의 미래

분은 그렇게 기온이 떨어져도 얼지 않습니다. 또한 그들의 세포는 온도가 매우 낮은 환경이지만 신비스런 방법으로 탄소동화작용을 합니다. 실험에 따르면, 어떤 지의류는 영하 196도에서 보관하다가 자연 상태에 내놓으면 곧 광합성활동을 시작한답니다.

과학자들이 이러한 지의류가 가진 비밀을 밝혀낸다면, 저온에서도 작동하는 태양전지라든가 축전지 등을 개발하는 데 도움이 될 것으로 믿습니다. 그뿐만 아니라 그러한 지식은 장기간 우주비행을 하거나 우주도시를 건설할 때, 저온 조건에서도 광합성을 하여 영양과 산소를 내는 농작물을 우주선 안에서 재배하는 신기술을 찾아낼 가능성도 있습니다.

■ □ 곤충의 몸을 얼지 않게 하는 물질

이른 봄, 잔설이 남은 계곡의 얼음물속에는 영하의 기온인데도 겨울잠에서 깨어나 활동하는 수생곤충과 무당개구리 등을 볼 수 있습니다. 민물이든 바닷물이든 이끼류와 많은 수생식물은 여름보다 겨울의 냉수 속에서 더 왕성하게 자랍니다.

영하 20도 이하로도 내려가는 곳에서 생물들이 어떻게 살 수 있을까요? 많은 생물은 수백만 년 동안 계속된 지난날의 긴 빙하 시대를 지내오면서 추위를 견디는 방법을 잘 개발했습니다.

겨울이 다가오면 곤충들은 알을 낳고 죽거나, 몸을 번데기로 싸서 북풍한 철을 지냅니다. 곤충들이 이렇게 할 수밖에 없는 것은 그들에게는 체온조절 능력이 없기 때문입니다. 대개의 곤충은 영하 20도 이하로 내려가면 번데기 상태라 하더라도 얼어 죽기 쉽습니다.

그러나 어떤 곤충의 유충은 낮은 기온이라도 견딥니다. 온대나 열대지방의 곤충이라면 있을 수 없는 일입니다. 이러한 곤충의 유충이 극한의 겨울을 날 수 있는 것은 몸에 추위를 대비하는 변화가 일어나기 때문입니다.

■ □ 생물 몸속의 결빙 방지제

물에 소금이나 설탕과 같은 물질이 녹아 있으면 잘 얼지 않게 됩니다. 이런 물리현상을 빙점강하라고 합니다. 폭설이 내리면 도로에 덮인 눈이 얼지 않도록 하는 결빙방지제를 뿌립니다. 겨울이 오면 자동차의 라디에이터에는 잘 얼지 않는 부동액을 냉각수로 채웁니다. 부동액은 물에 '글라이콜'이라는 물질을 50% 혼합한 것인데, 영하 34도까지는 얼지 않습니다.

겨울을 대비하는 곤충들이나 빙하지대의 곤충은 몸의 체액 속에 부동액을 채워 결빙을 막습니다. 그들이 쓰는 부동액은 글리세롤입니다. 글라이콜과 글리세롤은 화학적으로 비슷한 물질입니다.

누에나방의 일종인 세크로피아나방은 번데기가 되어 겨울을 나는데, 그 체액 속에는 3%의 글리세롤이 포함되어 있으며, 고치벌 번데기에는 20%의 부동액이 들어 있습니다.

남극과 북극 바다에 사는 물고기 혈액에도 결빙방지제가 포함되어 있는데, 물고기가 개발한 부동액은 '글리코프로테이드'라는 단백질과 탄수화물이 결합한 물질입니다. 이러한 결빙방지제는 극한지방에 사는 식물의 세포도 얼지 않도록 해줍니다. 그러나 식물이나 동물의 몸이 낮은 기온에서 얼지 않으려면 부동액만으로는 완전하지 않습니다.

눈송이라든가 안개, 빗방울, 얼음 알맹이가 만들어지려면 반드시 그 중심에 핵(먼지)이 있어야 합니다. 만일 핵이 없다면 눈이나 안개의 입자가 만들어지지 않습니다. 예를 들어 먼지가 전혀 없는 증류수는 영하 40도까지 내려가야 얼어요. 그러나 먼지가 섞여 있으면 0도에서 얼게 됩니다.

생물의 세포는 수분으로 가득한데, 그 수분이 얼지 않으려면 부동액도 포함되어야 하겠지만, 얼음 핵이 되는 존재를 걸러내어 증류수처럼 핵이 없도록 세포액을 청소할 필요가 있습니다. 과학자들은 그러한 청소작용이 어떻

9장 생체모방과학의 미래

게 세포 내에서 일어날 수 있는지에 대해 정확히 모르고 있습니다.

저온에서 사는 동식물과 저온 환경에서 동면하는 동물에 대한 지식은 인간에게 꼭 필요합니다. 그에 대한 지식은 인공수정을 위한 생식세포의 장기 보존이라든가, 장기이식, 그리고 인간이 동면할 수 있도록 하는 데 중요한 지식이 되기 때문입니다.

2. 더위를 극복하는 동식물의 지혜

생물은 더위를 이기는 지혜도 여러 가지 방법으로 진화시켜 왔습니다. 어떤 하등식물(조류, 薄類)은 수온이 섭씨 85도에 이르는 온천수에서 살고 있고, 물고기 중에는 50도나 되는 뜨거운 물속에서 잘 돌아다니는 것도 있습니다.

추위뿐만 아니라 높은 온도 역시 생명을 위협하는 요소입니다. 생물의 몸은 단백질로 구성되어 있고, 몸 안에서 일어나는 온갖 화학작용을 지배하는 효소들도 단백질입니다.

뜨거운 열은 이러한 단백질을 변질시키는 치명적인 조건입니다. 실제로 생물에게는 추위보다 고온이 더 두렵습니다. 삶은 계란을 보면 뜨거운 열이 액체 상태이던 계란의 단백질을 어떤 모양으로 변화시키는지 쉽게 짐작할 수 있지요.

사막의 식물들은 70~80도에 이르는 뜨거운 열기 속에서도 말라죽지 않고 견딥니다. 사막지방의 어떤 사슴은 긴 다리를 가졌고, 토끼는 유난히 큰 귀를 가지고 있습니다. 이것은 몸의 열을 발산하는 방열판(라디에이터) 역할을 하여 체온을 내려주는 작용을 합니다. 무더운 날 개가 길게 혀를 내밀고 헐떡이는 것도 같은 이유입니다. 아프리카 코끼리의 널따란 귀는 머리의 열을 식혀주는 방열판 구실을 합니다. 사막의 박쥐는 날개를 펼침으로써 체온을 발산합니다.

열대지방의 동물은 채색이 대개 희거나 옅은 빛깔입니다. 만일 짙은 체색을 가지고 있다면 태양열을 많이 흡수하게 될 것입니다. 그러면 북극지방에 사는 곰은 왜 흰색일까요? 이것은 태양열을 흡수하는 것이 아니라 반대로 체온이 외부로 방사(放射)되는 것을 막아주는 빛깔입니다.

9장 생체모방과학의 미래

3. 고압과 어둠의 심해저에 사는 생명

인간이라면 한순간도 견딜 수 없는 수천 미터 깊이의 심해에 사는 생물을 발견한 이후, 과학자들은 화성이나 다른 행성처럼 환경이 아주 나쁜 곳에도 생명체가 태어나 살고 있을 가능성이 충분히 있다고 생각하게 되었습니다.

얼마 전까지만 해도 대륙붕보다 더 깊은 바다 밑바닥에는 어떤 생물도 살 수 없다고 믿었습니다. 왜냐하면 그곳에는 빛도 산소도 없고, 온도가 낮으며, 물의 압력이 너무 높아 생물의 몸이 견딜 수 없을 것이라고 생각했기 때문입니다.

1980년대 후반에 이르러 수천 미터나 되는 해저 바닥에 게, 조개, 새우, 지렁이를 닮은 동물과 박테리아 따위의 하등생물이 산다는 것을 알게 되었습니다. 그들은 태양이 없어도 해저 바닥에서 솟아 나오는 온천의 유황가스를 에너지로 삼아 번성해 왔으며, 수백 기압의 높은 압력을 받아도 몸이 부서지거나 납작해지는 일 없이 잘 살아온 것입니다.

〈그림 9-1〉 깊은 바다 밑에서 뜨거운 물이 솟아나오는 구멍을 열수공이라 부릅니다.
최근까지 세계의 열수공에서는 400여 종의 동물이 발견되었습니다.

■ □ 심해저에는 초장기의 생물이 산다

수심이 수천 미터에 이르는 심해 바닥에는 거대한 골짜기와도 같은 해구(海溝)가 있고, 거기에는 지상의 온천과 같은 뜨거운 물과 유황가스가 섞인 기체가 솟아나오는 분기공(열수공)이 여기저기서 발견됩니다.

이런 해저 열수공 근처에 수많은 동물이 살고 있다는 것은 정말 놀라운 일입니다. 높은 수압, 빛이라고는 전혀 없는 어둠의 세계, 유황가스가 가득한 곳에 게라든가 거대한 조개, 소라, 털이 가득한 입이 없는 관충(管蟲), 그리고 하등미생물이 활발하게 살고 있는 것입니다. 심해저에서 발견되는 이런 생명의 세계를 '심해의 오아시스'라 부르기도 합니다.

심해의 오아시스는 전 세계 깊은 바다에서 계속 발견되고 있습니다. 수심이 10,000m되는 곳은 물이 누르는 압력이 1,000기압이나 됩니다. 심해 잠수정을 그곳까지 내려보내 그곳의 생물을 채집한 과학자들은 생명의 세계가 얼마나 신비롭고 다양한지 다시 생각하게 되었습니다.

과학자들이 특별히 놀란 것은, 해저 분기공 근처의 환경은 바로 지구가 처음 탄생하던 당시의 환경과 거의 비슷하다는 것입니다. 깊은 해저는 수압이 높은 관계로 바닥에서 솟아나는 물의 온도가 섭씨 650도에 이르기도 합니다. 또한 해수 속으로 나오는 기체 속에는 유황가스와 메탄가스가 포함되어 있을 뿐만 아니라, 여러 가지 무기 염분도 다량 녹아 있습니다.

해저의 오아시스를 삶터로 살아가는 커다란 관충이나 큰 조개를 해부해 보면, 그 몸속에 수백억 개의 유황세균이 살고 있습니다. 조사에 의하면 조개 몸 500g 속에 100억 개 정도의 유황세균이 공생하고 있답니다.

유황세균은 유화수소를 황산이나 황산염으로 만드는 화학 합성 능력을 가지고 있습니다. 이런 반응이 일어날 때 에너지가 나오게 되는데, 이 에너지가 태양에너지 역할을 대신하여, 물속의 이산화탄소와 물을 결합해 생명체의 영양이 될 탄수화물을 합성해 내는 것입니다. 심해 오아시스에 사는 각종 동물은 바로 이들 박테리아가 합성한 탄수화물을 영양으로 하여 어둠 속에서도 활발하게 살아가는 것입니다. 만일 유황박테리아가 없다면 다른 동물도 살 수 없겠지요.

4. 가장 큰 동식물, 가장 작은 동식물

지구상의 모든 생물은 긴 시간 동안 진화하면서 온갖 모습과 다양한 삶의 방식을 습득하게 되었습니다. 지상의 동식물 중에 가장 큰 것과 작은 것을 비교하면서, 다양한 생명체가 가진 신비로운 특징을 생각해 봅시다.

지구상에는 수백만 종의 다양한 동식물이 살고 있습니다. 그 가운데 큰 동물을 찾아본다면 코끼리, 기린, 고래 등이 생각납니다. 현재 살고 있거나 과거에 살았던 동물 중 가장 큰 동물은 무엇일까요? 영화 〈쥬라기 공원〉을 본 사람은 대형 공룡이라고 생각할 것입니다.

그러나 지상에 태어난 동물 가운데 가장 큰 것은 공룡이 아니라 현재 살아 있는 흰수염고래입니다. 포유동물인 흰수염고래는 몸길이 30m에 체중은 코끼리 40마리 무게에 해당하는 140t이나 됩니다.

6600만 년 전까지 살았다고 생각되는 공룡 가운데 가장 큰 울트라사우르스의 크기는 수염고래보다 조금 작은 100t 정도였다고 짐작하고 있습니다. 그리고 그보다 약간 작은 브라키오사우루스는 몸길이 15m에 체중은 70~80t이었습니다.

지구상에는 이보다 더 큰 생물이 살고 있습니다. 그것은 식물입니다. 미국 캘리포니아주에 사는 '세쿼이어(Sequoia)'라는 나무 중에는 키가 10m에 이른 것이 있으며, 그런 나무는 밑동의 지름이 10m나 됩니다. 나이가 3천 년 정도라고 추정되는 가장 큰 세쿼이어는 지금까지 지상에 살았던 어떤 생물보다 체구가 큽니다.

오스트레일리아 대륙에도 세쿼이어에 거의 육박하는 '유칼립투스'라는 이름을 가진 거대한 나무 종류가 자라고 있습니다. 이런 거대한 수목은 뿌리를 뺀 지상부만 해도 무게가 수백 톤에 이릅니다.

〈그림 9-2〉 현재 육지에서 사는 동물 가운데 가장 큰 코끼리.
코끼리보다 컸던 매머드는 너무 큰 몸집 때문에 멸종하고 말았습니다.

가장 크기가 작은 동물은 프틸리니드라는 하등동물(윤충류)인데, 몸길이가
1㎜의 1/4에 불과하고, 무게는 겨우 0.0001g입니다. 현재까지 이보다 더
작은 다세포동물은 발견되지 않았습니다.

■ □ 큰 동물은 생존에 불리

동물이나 식물의 몸은 어느 한계를 지나면 더 이상 거대해질 수 없습니다.
예를 들어 하늘을 나는 동물 가운데 가장 큰 것은 독수리 종류와 앨버트로
스라는 바닷새입니다. 지금은 멸종하고 없지만, 과거 공룡 시대에는 두 날
개를 편 길이가 8m에 이르는 익룡이 살았습니다. 아마도 그 익룡은 몸이
너무 무거워 제대로 날지 못하고 짧은 거리를 글라이더처럼 겨우 활강했으
리라 생각됩니다.

새라든가 곤충과 같은 비행동물은 날개를 퍼덕이는 데 굉장히 강력하고
큰 근육이 필요합니다. 체중이 커지면 그에 비례해서 더욱 큰 날개 근육을
가져야 할 것입니다. 그러자면 근육 외에 몸의 다른 기관도 커져야 하고, 결
국 전체적으로 너무 무거운 몸이 되고 맙니다.

체중이 어느 한계에 이르면 몸무게를 감당할 날개 근육을 더 이상 크게 만들 수 없는 상황이 됩니다. 오늘날 가장 큰 새는 더 이상 커질 수 없는 한계에 이른 체구라고 하겠습니다. 식물도 지금의 세쿼이어보다 더 키가 자랄 수 없습니다. 왜냐하면 뿌리에서 빨아올린 물이 더 이상 높이 올라갈 수 없기 때문입니다.

큰 고래는 살아가는 데 어떤 이익이 있을까요? 고래는 체중에 비해 몸 표면적이 적기 때문에 찬물과 접촉하는 면의 비율이 적습니다. 따라서 고래의 크고 뚱뚱한 몸은 물속에서 체온을 보존하는 데 유리하지요. 그 결과 그들은 몸 크기에 비해 적은 식사량으로도 살아갈 수 있습니다.

만일 고래가 육지로 나온다면 어떻게 될까요? 무거운 체중을 떠받치려면 굵은 다리가 필요합니다. 다시 말해 몸에 비해 엄청나게 뚱뚱한 다리를 가진 괴물이 되어야 합니다. 그런 동물은 많이 먹어야 하면서 행동은 굼뜨기 때문에 생존경쟁에서 아주 불리해집니다.

고래가 바다를 삶터로 삼은 것은 그 큰 몸을 떠받쳐 주는 물의 부력이 있기 때문이었습니다. 과학자들은 과거의 거대한 공룡들도 체중을 견디기 어려워 지금의 하마처럼 물속에 몸을 담그고 살았을지 모른다고 추측하기도 합니다.

바다에는 고래가 아니면서 코끼리보다 큰 동물이 몇 가지 살고 있습니다. 몸길이가 16.5m나 되는 대왕오징어가 있고, 물고기로는 6.5m나 되는 쥐가오리가 있습니다.

동식물 가운데 길이가 가장 긴 것은 남태평양에 사는 마크로키스티스라는 미역을 닮은 해조류입니다. 길게 자란 것은 200m나 되는데, 지상에서는 이렇게 길게 자랄 수가 없지요.

5. <쥬라기 공원>은 가능할까요?

수천만 년 된 나무의 진(호박) 속에서 당시에 살던 곤충을 비롯한 동식물의 화석이 발견되기도 합니다. 과학자들은 마치 살아 있는 듯 보존된 이 화석의 유전자를 조사하여 진화의 비밀을 밝히려는 연구도 하고 있습니다.

1993년, 쿠바와 가까운 섬나라 도미니카에서 한 광부가 산이 무너진 곳에서 유리처럼 반쩍거리는 작은 돌들을 발견했습니다. 그것은 한눈에도 알 수 있는 호박이었습니다. 호박 하나를 들여다본 그는 그 속에 흰개미가 묻혀 있는 것을 보았습니다. 이 호박은 곧 미국 자연사박물관으로 보내졌습니다. 살아 있는 듯한 호박 속의 흰개미를 본 과학자들은 즉시 조사대를 조직하여 현지로 갔습니다. 그곳에서 수집한 호박에서는 동식물 화석이 대량 발견되었습니다. 과학자들은 이 호박이 발굴된 장소를 세상에 밝히지 않기로 했습니다. 왜냐하면 사람들이 마구 파헤치면 귀중한 화석을 모두 잃어버리게 될 것이기 때문이지요.

2500만 년 전, 섬나라 도미니카 해안에는 '히메나에아'라는 거대한 식물이 무성하게 자랐습니다. 이 지방에는 수시로 강한 태풍(허리케인)이 불어 왔고, 그때마다 나무들은 상처를 입어 끈끈한 수액(수지, 樹脂)을 흘리게 되었습니다. 이 수액에 모기, 바퀴벌레, 각다귀, 파리, 흰개미 따위가 들러붙었지요.

〈그림 9-3〉 호박 속에서 발견된 모기의 화석. 공룡의 피를 빨아 먹은 모기의 화석에서 공룡 유전자를 발견하여, 생명을 가진 공룡으로 만든 이야기가 공상과학영화 〈쥬라기 공원〉입니다.

수지 성분에는 세균이 번식하는 것을 방지하는 방부제 성분이 들어 있습니다. 그 때문에 수지에 감싸인 벌레는 썩지 않고 수천만 년이 지나도 원래의 모습으로 남게 된 것입니다. 도미니카의 호박 덩어리를 조사하던 과학자들은 지름이 2.8㎝밖에 안 되는 호박 속에 무려 62가지나 되는 곤충이 있는 것을 보기도 했습니다.

호박에 든 한 나방은 알까지 낳아 자손과 함께 영원한 미라가 되어 있었습니다. 과학자들은 이 알을 보자, "다시 부화시킬 수 없을까?" 하는 생각도 했답니다.

■ □ 화석이 살아날 수 있을까?

영화 〈쥬라기 공원〉은 엄청난 흥행에 성공했던 영화 중 하나입니다. 한 과학자가 땅에서 나온 호박 속에서 모기의 화석을 발견하자, 그는 모기의 몸에 남은 피를 조사했습니다. 거기에는 마침 여러 가지 공룡의 혈액이 있었습니다.

과학자는 모기의 피 안에서 공룡의 유전자를 꺼내 시험관 속에서 배양하기 시작했고, 뜻밖에도 그는 그 유전자로부터 고대의 공룡을 되살려내는 데 성공했습니다. 〈쥬라기 공원〉은 이렇게 시작되는 공상과학영화입니다.

연약한 모기의 몸이 어떻게 화석 상태로 수천만 년을 지나 지금까지 보존될 수 있었을까요? 화석이라면 단단한 뼈라든가 조개껍질 따위만 겨우 남아 있을 수 있지 않을까요? 그러나 호박 속에 빠진 것이라면 모기는 물론이고 모기보다 더 작은 벌레라도 화석으로 남을 수 있습니다.

오늘날 과학자들은 화석 동식물의 유전자를 조사하고 있습니다. 유전자란 생물의 세포핵 속에 들어 있는 유전물질입니다. 이 유전자가 있음으로써 부모와 닮은 자손이 후세에 탄생할 수 있습니다.

9장 생체모방과학의 미래

모든 동식물은 서로 다른 유전자를 가지고 있습니다. 유전자를 분석하는 일은 흥미롭고도 어려운 연구의 하나입니다. 호박 속에 빠진 곤충의 몸이 썩어버렸다면 유전자도 모두 분해되어 조사할 수 없을 것입니다. 그러나 호박에 파묻힌 생물은 부패하지 않고 잘 보존될 수 있습니다. 〈쥬라기 공원〉과 같은 공상영화가 만들어질 수 있었던 것은 이런 근거가 있었기 때문이지요. 그러나 영화처럼 화석 모기의 혈액에 든 유전자를 살려내는 일은 불가능한 공상일 뿐입니다.

도미니카의 호박 속에서 발견된 생물은 모두 1억 4000만 년 전부터 6500만 년 전에 살던 것들입니다. 6500만 년 전이라면 공룡이 지상에서 완전히 사라져버린 때입니다.

영국의 위대한 과학자 찰스 다윈이 진화론을 설명하기 이전까지, 사람들은 세상의 생물은 성서의 기록 그대로 창조의 날에 모두 태어난 것으로 알고 있었습니다. 그러나 다윈이 세계를 여행하면서 온갖 동식물을 조사하고 또 화석들을 연구한 결과, 오늘날의 생물은 하등한 생물로부터 점점 고등한 동식물로 다양하게 진화해 왔다는 사실을 알게 되었습니다.

처음 진화론이 발표되자 온 세상이 시끄러웠습니다. 하느님의 능력과 성서의 기록을 부정하는 이런 주장은 절대로 믿을 수 없다는 것이었습니다. 그러나 생물의 진화에 대한 연구가 진행될수록 진화는 더욱 확실해졌습니다.

진화라는 것은 수백 년, 수천 년 정도가 아니라 수백만 년, 수천만 년이 걸려 진행됩니다. 인간은 100년 정도의 짧은 수명을 가졌습니다. 그러므로 생애 동안에 진화가 일어나는 것을 직접 확인하기란 거의 불가능합니다. 과학자들은 약 36억 년 전에 지구상에 최초의 생명이 나타났다고 믿고 있습니다. 생물학이란 이 진화의 과정을 밝히려 하는 학문이기도 합니다.

6. 동식물을 보존해야 하는 중요한 이유

오늘날 생물학자들은 많은 종류의 동식물들이 여러 가지 이유로 지상에서 사라졌거나 그 수효가 줄어드는 것을 안타까워합니다. 국가가 천연기념물로 정하여 법으로 보호하려고 애쓰는 동식물은 대부분 이처럼 사라져가는 것들입니다.

만일 지금 우리 앞에서 박쥐나 돌고래 등이 전멸해 버린다면 어떻게 될까요? 공룡이나 도도새(날개가 퇴화된 몸집이 큰 새로 1600년대에 멸종)는 백과사전 속의 그림이나 자연사박물관에 있는 골격 모형에서나 겨우 볼 수 있습니다. 이와 마찬가지로 머지않아 우리는 사자나 호랑이, 치타, 오랑우탄 등의 동물들까지 박물관에서만 볼 수 있게 될 위기에 있습니다. 고래가 없는 바다, 악어가 살지 않는 강, 독수리가 날지 않는 하늘, 그러한 세상이 오고 있다는 이야기입니다.

사람들은 아프리카나 열대 아시아엔 사자나 호랑이 등이 아직도 많이 살고 있는 것으로 알고 있습니다. 그러나 사실, 아프리카에 살고 있는 야생 사자의 수효는 1만 마리도 안 되는 것으로 알려져 있습니다. 지난날엔 인도에도 많은 사자가 살았습니다. 그러나 인도가 영국의 식민지였을 당시 영국의 장교들은 사자 사냥을 자랑거리로 삼았습니다. 그들은 휴가 때가 되면 사자 사냥을 나서 어떤 장교는 400마리를 잡은 기록을 가지고 있습니다.

근래에 와서는 인도나 인도네시아의 호랑이조차 급속히 줄어들고 있습니다. 털이 아름다운 시베리아 호랑이(우리나라의 옛 호랑이도 이 종류에 속함)는 겨우 40~50마리이거나, 많아야 120~130마리뿐이랍니다. 우리나라에 살던 호랑이는 언제인지도 모르게 전멸했습니다. 털가죽이 훌륭한 표범 역시 사라질 운명에 있습니다.

〈그림 9-4〉 공룡처럼 이미 사라져버린 생물체로부터는 새로운 기술을 발견해낼 수 없습니다. 생체모방과학의 연구 대상으로 세상에는 귀중하지 않은 생물은 아무것도 없습니다.

7. 없어도 좋은 생물은 없다

우리 주위에서는 토종개나 토종닭, 돼지 등의 가축까지 멸종했거나 사라져 가고 있습니다. 농작물도 신품종이 개발 보급되면서 토종 품종은 같은 위기에 처해 있습니다. 각 나라는 농작물과 가축을 포함한 이러한 유용한 동식물이 멸종하는 것을 방지하기 위해 '유전자은행'이라 불리는 연구 시설을 운영하기 시작했습니다. 이는 특별히 보존하지 않으면 사라져 버릴 귀중한 생물 자원을 냉동하거나 씨앗(종자 은행) 상태로 보관하는 방법으로 계속 유지시키려 하는 국가적 사업입니다.

지난날 표범 모피가 유행했을 때, 아프리카의 표범은 잠깐 사이에 5만 마리가 희생되었습니다. 이때 표범이 줄어들자 원숭이가 마구 늘어나 농작물에 큰 피해를 입는 현상이 나타났습니다.

여러 종류의 동물이 지상에서 사라져 가고 있습니다. 동물들이 멸종해 가는 것을 염려하는 첫째 이유는 생태계의 파괴일 것입니다. 그리고 그다음 이유는 어떤 종류의 생물이건 우리는 그들에게 배울 것과 이용할 점이 있기 때문입니다.

예를 들어 과일에 날아드는 작은 초파리가 강력한 살충제 때문에 전부 죽었다고 생각해 봅시다. 만일 1세기 전에 초파리가 없어졌다면 오늘날의 과학자들이 가진 유전학 지식은 보잘것없는 상태였을 것입니다. 산과 들, 마을 어디에나 살고 있는 작은 초파리는 생활 주기가 겨우 2주에 불과하지만, 번식력이 강해 유전학자들의 좋은 실험재료가 되었습니다. 빠른 시간에 세대가 바뀌는 초파리를 교배하는 방법으로 과학자들은 많은 유전학 지식을 발견하여, 오늘날과 같은 유전자공학 시대를 일찍이 열어갈 수 있게 되었습니다.

9장 생체모방과학의 미래

〈그림 9-5〉 찰스 다윈은 사진의 비글호를 타고 세계의 동식물을 조사한 후, 지구상의 모든 동식물은 하등생물에서 차츰 진화하여 오늘의 생물 세계를 이루게 된 것을 발견했습니다.

　지난날 사람들은 수은이 체내에 축적되면 치명적인 영향을 준다는 것을 상상도 하지 못했습니다. 수은의 해독, 즉 중금속오염의 위험을 처음으로 알려준 것은 민가슴기어라는 물고기였습니다. 그리고 DDT 따위의 농약 오염의 위험을 알려준 것은 펠리컨이라는 새였습니다. 또 환경호르몬이 얼마나 인류의 미래를 위협하는지 알려준 것은 미국에 사는 악어였습니다.

　이와 같은 예는 수없이 찾을 수 있습니다. 자연계에는 불가사의한 문제들이 무수히 남아 있습니다. 그러므로 어떤 종류의 생물이건 그것을 멸종시키는 것은 인류의 미래를 위해 불행한 일입니다. 그런데도 인류는 여전히 살생 행위를 계속하고 있으며, 사라져가는 생물에 대해 어떤 확실한 대책도 세우지 못하고 있습니다.

교실 밖에서 배우는 **동식물 지혜 이야기**

—
1 쇄 발행   2006년 07월 30일
개 정 판   2021년 12월 21일
—
지 은 이   윤 실
—
펴 낸 이   손영일
펴 낸 곳   전파과학사
주   소   서울시 서대문구 증가로 18, 204호
등   록   1956년 7월 23일 제10-89호
전   화   02-333-8877(8855)
F A X   02-334-8092
홈페이지   http://www.s-wave.co.kr
E-mail   chonpa2@hanmail.net

ISBN   978-89-7044-996-8 (03470)